巧做硬核家常菜

家常菜

小食刻 著

▷▷ 视频版

中国轻工业出版社

图书在版编目（CIP）数据

巧做硬核家常菜视频版 / 小食刻著 . — 北京：中国
轻工业出版社，2022.9
ISBN 978-7-5184-3998-0

Ⅰ . ① 巧… Ⅱ . ① 小… Ⅲ . ① 家常菜肴—菜谱
Ⅳ . ① TS972.127

中国版本图书馆 CIP 数据核字（2022）第 085018 号

责任编辑：翟　燕　　责任终审：李建华　　整体设计：锋尚设计
策划编辑：翟　燕　　责任校对：晋　洁　　责任监印：张京华

出版发行：中国轻工业出版社（北京东长安街6号，邮编：100740）
印　　刷：北京博海升彩色印刷有限公司
经　　销：各地新华书店
版　　次：2022年9月第1版第1次印刷
开　　本：720×1000　1/16　印张：12
字　　数：150千字
书　　号：ISBN 978-7-5184-3998-0　定价：49.80元
邮购电话：010-65241695
发行电话：010-85119835　传真：85113293
网　　址：http://www.chlip.com.cn
Email：club@chlip.com.cn
如发现图书残缺请与我社邮购联系调换
210997S1X101ZBW

前 言

　　我的美食之旅是从大学毕业后开始的，那会儿在外面租房，为了省钱便开始学做饭，时间久了就爱上了这件事。我也没什么其他兴趣爱好，唯独做饭算上一件，于是凭借着一腔热爱毅然决然地扎进了厨房，并在这条路上一直坚持到现在。

　　其实我当年决定做美食博主的时候，从没想过做饭能给我带来些什么，纯粹是想要记录自己的爱好，后来在慢慢记录的过程中，竟然还遇到了一些愿意看我做饭的朋友，这对于平凡普通的我来说是特别珍贵的，也是我一直坚持创作的动力。我觉得能找到一件自己真正喜欢做的事情，在做的过程中还能遇到许多认可、理解自己的人，这本身就是一种幸运，希望你们也能拥有这份幸运。

　　我很享受在厨房里的时光，这里是我与自己愉快独处的一个绝妙空间。有的人喜欢美食却不喜欢做饭，有的人喜欢做饭却不喜欢收拾，而对我来说，从挑选新鲜的食材、处理食材到用自己的方法烹制出一盘盘可口的佳肴，再到把厨房收拾得干干净净，整个过程我都觉得十分治愈，更别说细细品尝的环节了，拥有满满的成就感！

　　如果你也和我一样爱吃，和我一样爱做饭，希望你能喜欢我为你准备的近 100 道家常硬菜。每一道美食都是我尝试了多次，最后提炼出步骤简化、口味却不打折的烹制方法！我的目标是——哪怕厨房小白也能轻松上手。希望通过我的分享，能让更多的人学会做饭，体验做饭的快乐，感受美食带来的温度。

　　亲爱的！我是美食博主小食刻，欢迎开启你的美食之旅，祝你享用愉快！

目 录

馋嘴畜肉

诱人禽蛋

鲜香水产

清新素菜

能量主食、汤羹

美味甜品、烘焙

馋嘴畜肉

火山土豆泥

扫一扫　看视频

🍲 材料

五花肉200克·土豆2个·洋葱1个·辣椒1个·豆瓣酱30克·生抽20克·水淀粉适量·黑胡椒碎适量·盐适量

👨‍🍳 步骤

1 土豆洗净，削皮后切块。

2 土豆块上锅大火蒸15分钟以上。

3 五花肉去皮洗净，先切小块再剁成肉末。

4 洋葱去外皮，切丁。

5 辣椒洗净，去蒂、子，切丁。

6 蒸好的土豆撒适量的黑胡椒碎和盐调味。

7 将土豆碾碎拌匀。

8 锅中倒油烧热，先放入洋葱丁炒香。

9 闻到香味后放入肉末炒散开。

10 肉末炒变色、散开后放入豆瓣酱和生抽翻炒调味。

11 放入适量开水搅匀。

12 倒入水淀粉勾芡。

13 放入辣椒丁炒匀。

14 大火收汁制成肉臊子。

15 将土豆泥堆成小山的形状。

16 最后浇上炒好的肉臊子即可。

红烧肉

扫一扫 看视频

材料

五花肉600克·冰糖50克·姜片30克·小葱30克
料酒50克·老抽20克·生抽50克

TIPS

1. 步骤4中，喜欢吃肥一些的朋友，炒的时间短点，不喜肥肉的可炒久点，把肥肉中的油多炒出来些；
2. 煮的时间一定要够，这样才能做出软糯不油腻的口感；
3. 不喜欢偏甜口味的朋友，冰糖可以少放一点，但是一定要放；
4. 汁不能收得太干，小心煳底，要留一些汤汁。

步骤

1 五花肉（选肥瘦相间的）洗净，切块。

2 切好的五花肉块冷水下锅，大火煮开，撇掉浮沫后捞出，用温水冲洗干净。

3 热锅放入五花肉块，小火慢慢煸炒出油。

4 五花肉炒到自己喜欢的肥瘦程度后，放入料酒翻炒去腥。

5 放入老抽翻炒上色。

6 倒入适量热水没过五花肉，再放入冰糖、姜片、洗净的小葱、生抽大火煮开。

7 大火煮开后转小火煮90分钟。

8 煮好后夹出小葱和姜片。

9 最后大火收汁装盘即可。

酱肉

扫一扫 看视频

材料

猪肉2000克·黄豆酱200克·千张适量·盐20克
姜片50克

TIPS

1. 肉最好选肥瘦相间的五花肉；
2. 腌肉用的酱可以选自己喜欢的酱；
3. 除了清蒸也可以用来炒菜；
4. 做好的酱肉平时可以冷冻保存。

步骤

1 将黄豆酱和盐拌匀制成酱料。

2 猪肉均匀地抹上酱料。

3 放入姜片拌匀。

4 包上保鲜膜放冰箱冷藏一夜。

5 绑上棉线。

6 挂放在阴凉通风的地方风干3~4周。

7 风干好的肉切下一餐需要的量。

8 用温水冲洗干净，然后切片。

9 千张卷起来，然后切条。

10 蒸碗放入电饭锅中，千张打底，在其上放酱肉，与焖米饭的时间一样即可。

砂锅肉片

扫一扫 看视频

材料

猪里脊400克·竹笋2个·洋葱半个·金针菇200克·芹菜80克·大蒜80克·辣椒40克·豆瓣酱15克
蚕豆酱15克·豆豉酱15克·生抽30克·淀粉适量·葱花适量

🍳 步骤

1 猪里脊洗净，切片。

2 切好的肉片放入适量淀粉抓匀。

3 用擀面杖将肉片敲扁。

4 竹笋去外皮，洗净，切片。

5 芹菜择洗干净，切片。

6 金针菇洗净，去蒂。

7 洋葱去外皮，切丝。

8 辣椒去蒂，洗净，切小段。

9 大蒜去皮，切末。

10 热锅放入适量油，再放入蒜末炒香。

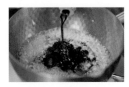
11 放入豆瓣酱、蚕豆酱、豆豉酱和生抽炒匀。

12 加入适量水大火煮开，制成酱汁。

13 砂锅放入洋葱丝打底，再放上金针菇。

14 放入芹菜片和竹笋片。

15 放上肉片。

16 倒入酱汁。

17 盖盖煮5~10分钟。

18 煮好后拌匀。

19 最后撒上辣椒段、葱花即可。

TIPS

1. 肉尽量切薄一点，煮的时候比较容易熟；
2. 配菜可以根据自己的喜好选择；
3. 煮酱汁的水不能太少，根据砂锅的大小预估放多少水；
4. 火不要太大，用中火，注意观察，防止煳底。

椒盐排骨

扫一扫　看视频

材料

排骨400克·姜片10克·小葱10克·老抽5克·生抽20克·蚝油10克·黑胡椒碎适量·淀粉适量
椒盐适量·盐适量

步骤

1 排骨剁块后冲洗干净。

2 放入适量盐和黑胡椒碎。

3 倒入老抽、生抽和蚝油。

4 再放入姜片和小葱拌匀，腌制1小时以上。

5 排骨腌制好后放入袋子中。

6 放入适量淀粉。

7 袋子封口后摇晃均匀，让排骨均匀地裹上淀粉。

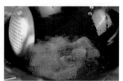

8 油温五六成热的时候放入排骨炸3~5分钟。

9 捞出沥油、放凉。

10 油温加热到八九成热的时候再放入排骨复炸30秒，捞出。

11 装盘，撒上适量椒盐即可。

TIPS

1. 排骨选肉多一点的肋排；
2. 时间足够的话，排骨可以腌制一夜更入味；
3. 第一次炸排骨的时候油温要低，炸的时间久一点，第二次炸油温要高，炸的时间要短；
4. 喜欢吃辣的朋友可以再放点辣椒粉。

椒香排骨

扫一扫 看视频

材料

排骨500克·红辣椒50克·青辣椒（绿辣椒）50克·洋葱50克·姜片20克·大蒜50克·料酒30克·老抽5克
蚝油30克·辣椒粉适量·盐适量·鸡精适量·椒盐适量·白芝麻适量

步骤

1 排骨洗净，剁成寸段。

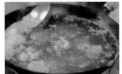

2 排骨冷水下锅，大火煮开，撇去浮沫。

3 煮到没有多少浮沫出现的时候放入姜片、料酒和盐，转小火煮40分钟。

4 辣椒分别洗净，去蒂、子，切小丁。

5 洋葱去外皮，切小丁。

6 大蒜去皮，切末。

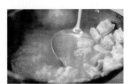

7 排骨煮好后捞出，用厨房纸擦干水。

8 锅中放入排骨，小火煎至双面呈金黄色。

9 放入切好的洋葱丁、蒜末、辣椒丁翻炒。

10 再放入老抽和蚝油炒匀。

11 继续放入辣椒粉、鸡精和盐翻炒均匀。

12 最后放入椒盐和白芝麻炒匀出锅即可。

> ### TIPS
>
> 1. 焯排骨的时候不要加盖，否则腥味不容易散掉；
> 2. 排骨也不宜煮太久，煮烂了不方便后面的操作；
> 3. 煎排骨的时候要用不粘锅小火慢煎。

红烧排骨

扫一扫 看视频

材料

排骨600克·生姜30克·干辣椒10克·小葱30克·料酒30克·老抽10克·生抽20克·蚝油20克

步骤

1 排骨洗净，剁成寸段；生姜切片。

2 排骨冷水下锅，大火煮开焯水。

3 水开后撇掉浮沫。

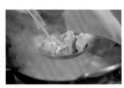

4 捞出排骨，冲洗干净。

5 热锅放入适量油烧至温热，放排骨翻炒。

6 排骨炒到有点焦黄的时候倒入料酒翻炒。

7 倒入老抽翻炒上色。

8 上色均匀后放入姜片和干辣椒继续翻炒。

9 放入适量的水、小葱、生抽和蚝油大火煮开。

10 盖盖小火煮90分钟。

11 煮好后夹出小葱。

12 最后大火收汁即可。

TIPS

1. 喜欢吃甜的朋友，煮排骨的时候可以放点冰糖，最后收汁的颜色也更好看；
2. 排骨焯水捞出后要用温水冲洗干净；
3. 煮排骨的水要一次性加够，中途不要加水，水只能多不能少；
4. 收汁不要收得太干，要留点汤汁。

烧肘子

扫一扫 看视频

材料

猪肘子1个 · 黑啤2罐 · 红辣椒1个 · 大蒜40克 · 大葱段60克 · 姜片40克 · 小葱10克 · 花椒5克 · 白胡椒粒10克
桂皮5克 · 香叶2片 · 八角1粒 · 生抽50克 · 老抽20克 · 鸡精10克 · 盐15克 · 水淀粉适量

步骤

1 将肘子表面的毛烧掉。

2 刮掉烧黑的部分。

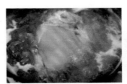

3 刮干净后,肘子冷水下锅,大火煮开焯水,捞出肘子冲洗干净。

4 锅里再倒入适量水,放入肘子,加入黑啤、姜片、葱段、花椒、白胡椒粒、桂皮、香叶、八角、生抽、老抽、鸡精和盐。

5 大火煮开后转小火煮2小时。

6 大蒜去皮,切末。

7 红辣椒洗净,去蒂、子,切末。

8 小葱洗净,切段。

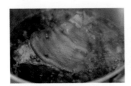

9 肘子煮好后捞出,过滤卤汤。

10 热锅放适量的油,将蒜末炒香。

11 炒香后放入过滤的卤汤。

12 再加入水淀粉搅匀。

13 最后加入红辣椒末和小葱段拌匀。

14 将汤汁浇到肘子上即可。

TIPS

1. 买回来的肘子上面会有一些没有刮干净的毛，没有喷枪也可以直接放燃气灶上烧皮；
2. 喜欢吃甜的朋友，卤肘子的时候可以放少量冰糖；
3. 啤酒也可以换成花雕或者只用水；
4. 卤肘子的时间一定要够，吃起来才软糯不腻。

杀猪菜

材料

五花肉500克·东北酸菜500克·鸭血200克·大蒜30克·生姜20克·大葱20克
大葱叶适量·香菜段适量·辣椒油适量·料酒适量·胡椒粉适量·鸡精适量·盐适量

步骤

1 东北酸菜切丝。

2 切好的酸菜丝放水里清洗1~2遍。

3 将酸菜丝挤干备用。

4 大蒜去皮，切末。

5 生姜部分切末，部分切片。

6 大葱白切末，留葱叶。

7 准备大半锅水放入大葱叶和五花肉，焯水后捞出五花肉备用。

8 热锅放入适量油，将葱末、姜末、蒜末炒香。

9 放入酸菜丝翻炒均匀。

10 倒入大半锅水，大火煮开。

11 放入焯过水的五花肉。

12 盖盖，转小火煮40分钟。

13 鸭血洗净，切片。

14 准备半锅水放入料酒、姜片大火煮开，将鸭血焯水后捞出备用。

15 煮好的五花肉取出切片。

16 锅中的酸菜中放入胡椒粉、鸡精和盐大火收汁。

17 另取锅，放入酸菜丝打底，再整齐地摆上五花肉片和鸭血片。

18 放上香菜段点缀，再根据自己的口味浇上辣椒油即可。

扫一扫 看视频

TIPS

1. 正宗的杀猪菜用的是血肠，因为我这买不到血肠，所以用的鸭血代替；
2. 酸菜煮的时间越久越好吃，但是五花肉不能煮太久，煮的时间太长肉烂了切不了片；
3. 这道菜的口味比较清淡，喜欢重口的朋友可以做一个蘸碟。

腌笃鲜

扫一扫　看视频

材料

竹笋800克·咸肉300克·排骨300克·干张结100克·姜片20克·料酒20克·盐适量

步骤

1 竹笋从底部向上划一刀，然后剥掉外皮。

2 削掉外面比较老的皮。

3 将去皮后的竹笋切块。

4 咸肉洗净，切块。

5 排骨洗净，剁成块。

6 排骨和咸肉块一起冷水下锅焯水。

7 水开后撇掉浮沫。

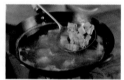

8 等没有什么浮沫的时候捞出排骨和咸肉。

 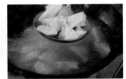

9 用焯过排骨和咸肉的水继续焯竹笋。

10 等水再沸腾后捞出竹笋块。

11 另起一锅倒入适量水，放入排骨、咸肉块、竹笋块、千张结、姜片、料酒。

12 大火烧开后转小火煮60分钟。

13 煮好后根据自己的口味放入适量盐调味即可。

 TIPS

1. 竹笋要焯水去除苦涩味；
2. 煮汤的水要一次加够，不要中途加水；
3. 咸肉本身就有咸味，出锅前先尝下味道，以判断是否需要加盐。

黄豆焖猪蹄

扫一扫　看视频

材料

猪蹄2只（约1000克）· 黄豆300克 · 洋葱半个 · 大蒜30克 · 生姜30克 · 青蒜50克 · 大葱80克 · 小葱30克

香菜30克 · 甜面酱15克 · 豆瓣酱15克 · 料酒20克 · 生抽30克 · 老抽10克 · 醋5克 · 圆白菜适量

卤料

八角1粒 ｜ 香叶3片 ｜ 花椒5克 ｜ 白胡椒粒10克 ｜ 桂皮10克 ｜ 陈皮10克 ｜ 干辣椒10克

步骤

1 黄豆冷水泡1小时以上。

2 生姜切片。

3 洋葱去外皮，切块。

4 青蒜洗净，切段。

5 大葱切段。

6 大蒜去皮，切末。

7 猪蹄剁块后冷水下锅焯水，去浮沫，捞出备用。

8 热锅倒油烧热，放入姜片、洋葱块、蒜末炒香。

9 炒香后放入甜面酱和豆瓣酱翻炒均匀。

10 倒入大半锅水。

11 放入猪蹄块及泡好的黄豆。

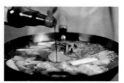

12 放入小葱、香菜、卤料包、料酒、生抽、老抽和醋大火煮开。

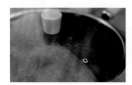

13 水开后转小火煮1小时。

14 煮好后夹出小葱、葱段、香菜、卤料包。

15 大火收汁。

16 另取口锅，放入洗净的圆白菜片打底，再放入猪蹄和黄豆。

17 最后放上青蒜段即可。

TIPS

1. 买猪蹄的时候可以让售货员将其剁成大块；
2. 猪蹄焯水要冷水下锅，大火煮开后出现浮沫就撇掉，煮到没有浮沫出现后捞出猪蹄备用；
3. 卤料要用卤料包装好再放入锅中，方便卤好猪蹄后取出；
4. 卤猪蹄的时间可以根据个人喜好的软烂程度增加或者减少；
5. 锅中打底的圆白菜可以更换其他喜欢的蔬菜；
6. 用高压锅卤猪蹄的时间是上汽后煮30分钟。

烤猪蹄

扫一扫 看视频

材料

猪蹄1000克·姜片20克·小葱30克·干辣椒10克·花椒5克·八角1粒·香叶3片·老抽5克·生抽20克
料酒10克·蚝油30克·熟花生米适量·椒盐适量·辣椒粉适量

步骤

1 猪蹄对半切开，冷水
下锅大火煮开焯水。

2 煮出浮沫后捞出猪蹄
冲洗干净。

3 另起锅放入猪蹄，倒水
没过，放入姜片、小葱、
八角、香叶、花椒、干辣
椒、老抽、生抽、料酒和
蚝油大火煮开。

4 转小火煮40分钟。

5 捞出猪蹄沥水。

6 撒上椒盐和辣椒粉。
喜欢孜然的也可以撒点
孜然。

7 用竹扦或者牙签在猪
蹄上戳小洞。

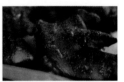

8 烤箱200℃烤20分钟，
喜欢皮更焦脆的，时间
可以烤久一点。

9 花生米碾碎。

10 猪蹄烤好后取出，
撒上花生碎即可。

TIPS

1. 猪蹄喜欢吃软烂口感的话，煮的时间可以再
久一点；
2. 烤之前一定要在猪蹄上戳小洞，这样烤出的
皮会更脆；
3. 烤箱的温度要高一点，具体的温度和时间根
据自家烤箱的特点做调整。

砂锅肥肠

扫一扫　看视频

材料

肥肠600克·油豆腐100克·洋葱1个·大葱1根·青蒜2根·大蒜30克·生姜30克·小葱30克·香菜30克
花椒5克·干辣椒10克·生抽50克·老抽20克·蚝油50克·料酒20克·陈醋10克·豆瓣酱30克·甜面酱20克
水淀粉适量·鸡精适量·盐适量

卤料

八角2粒┃山楂3片┃香叶3片┃干辣椒10克┃桂皮5克┃陈皮5克┃花椒5克┃白胡椒粒5克

🧑‍🍳 步骤

1 肥肠切长段后冷水下锅，焯水后捞出备用。

2 洋葱去外皮，对半切开，取一半切丝。

3 生姜切片。

4 大葱切长段。

5 青蒜洗净，切小段。

6 大蒜去皮，切末。

7 焯好水的肥肠重新冷水下锅。

8 放入葱段、姜片、半个洋葱、小葱、香菜、卤料、料酒、陈醋、生抽、老抽、蚝油。

9 大火煮开后转中小火煮90分钟。

10 卤好的肥肠取出切小段。

11 热锅放入适量油烧热，下入花椒、干辣椒、蒜末炒香。

12 炒香后放入豆瓣酱和甜面酱翻炒均匀。

13 加入半锅水煮开，再根据个人口味放入生抽、蚝油、鸡精和盐调味。

14 水开后放入油豆腐、肥肠段，用水淀粉大火收汁。

15 盛出放入洋葱丝打底的砂锅中。

16 最后撒上青蒜段即可。

TIPS

1. 肥肠可以买处理好的半成品，回家不用再清洗；
2. 家里没有卤料也可以买配好的卤料包；
3. 油豆腐可以换成其他喜欢的配菜；
4. 肥肠喜欢吃比较有嚼劲的，可以缩短卤制时间。

冷吃牛肉

扫一扫 看视频

材料

牛肉200克 · 莴笋200克 · 小葱50克 · 大蒜20克 · 姜片10克 · 生抽40克 · 香油（芝麻油）10克 · 花椒油10克
辣椒油适量 · 料酒适量 · 泡椒适量

步骤

1 小葱洗净，葱白切段，葱叶可以不用切，后面还有用。

2 大蒜压扁去皮，和葱白段一起放入碗里。

3 碗里放入生抽、料酒、香油、花椒油和辣椒油拌匀成蘸汁。

4 莴笋去皮、叶，切长条。

5 牛肉洗净，切薄片。

6 用牛肉片将莴笋条包起来，然后用牙签固定。

7 将包好牛肉的莴笋条放入碗中，放入泡椒、料酒腌入味。

8 锅里放入姜片、小葱和料酒大火烧开。

9 水开后放入牛肉包莴笋。

10 撇去浮沫。

11 煮2~3分钟捞出。

12 放入步骤3调好的蘸汁里拌匀放2小时以上即可。

TIPS

1. 牛肉要选没有筋膜，肉质比较嫩的部位，比如牛里脊；
2. 牛肉尽量切得薄一点，逆着肉的纹路切，将纹路切断，牛肉易软烂；
3. 牛肉卷好用泡椒泡久一点，最好能过夜；
4. 烫好的牛肉在蘸汁里泡久一点再吃比较入味；
5. 莴笋可以换成黄瓜等其他配菜。

泡椒牛肉

📦 **材料**

牛肉300克・芹菜100克・嫩姜50克・洋葱半个・红辣椒30克・泡椒100克
料酒10克・老抽5克・生抽30克・蚝油20克・豆瓣酱30克・淀粉5克・泡椒水适量
黑胡椒碎适量・盐适量

👨‍🍳 **步骤**

1 牛肉洗净，切条。

2 切好的牛肉放碗里，加入料酒、老抽、生抽、蚝油、黑胡椒碎、盐和淀粉抓均匀，再放入适量油抓匀。

3 芹菜择洗干净，切段。

4 嫩姜洗净，切块。

5 洋葱去外皮，切丝。

6 红辣椒去蒂、子，切段。

7 泡椒对半切开。

8 锅中多放点油，加热到四五成热，放入牛肉条翻炒。

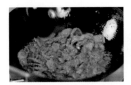

9 牛肉条炒到变色后捞出沥油。

10 另起锅，倒油烧热，放入洋葱丝、嫩姜块、辣椒段和泡椒炒香。

11 再放入豆瓣酱继续炒香。

12 放入牛肉条翻炒均匀。

13 放入芹菜段继续翻炒。

14 根据自己的口味放入适量泡椒水。

15 最后炒匀后出锅装盘即可。

扫一扫　看视频

TIPS

1. 牛肉要选没有筋膜、肉质比较嫩的部位，比如牛里脊；
2. 切牛肉的时候要逆着肉的纹路切，将纹路切断，吃的时候比较好嚼；
3. 牛肉腌制过，豆瓣酱和泡椒水也都有咸味，炒的时候就不用放盐了；
4. 牛肉不要炒太久，第一次过油的时候，变色了就捞出，第二次和配菜一起炒的时候翻炒匀就出锅。

金针菇牛肉卷

材料

牛肉300克·金针菇200克·红辣椒100克·青辣椒100克·大蒜30克·老抽10克·生抽30克·蚝油30克
花椒适量·辣椒粉适量

步骤

1 牛肉洗净，切薄片。

2 金针菇去蒂洗净，用牛肉片卷起来，然后插上牙签固定。

3 辣椒去蒂、子，洗净切小段。

4 大蒜去皮，切末。

5 碗中放入辣椒段、蒜末、花椒和辣椒粉。

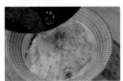

6 浇上七八成热的油。

7 放入老抽、生抽、蚝油和适量清水。

8 倒入装牛肉卷的碗中。

9 包上锡纸。

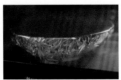

10 烤箱200℃烤30分钟即可。

TIPS

1. 牛肉要选没有筋膜、肉质比较嫩的部位，比如牛里脊；
2. 切牛肉的时候要逆着肉的纹路切，将纹路切断，吃的时候比较好嚼；
3. 牛肉尽可能切得薄一点；
4. 如果没有烤箱，也可以放锅里煮。

036   巧做硬核家常菜视频版

铁板孜然牛肉

扫一扫 看视频

材料

牛肉200克·蒜薹200克·洋葱半个·大蒜60克·干辣椒10克·豆瓣酱10克·料酒10克·老抽10克
蚝油20克·黑胡椒碎适量·孜然粉适量·盐适量

步骤

1 牛肉洗净，切薄片。

2 牛肉片放入黑胡椒碎、盐、料酒、老抽、蚝油抓匀。

3 腌制10分钟以上。

4 蒜薹洗净，切小段。

5 洋葱去外皮，切丝。

6 大蒜压扁剥皮。

7 干辣椒剪成小段。

8 热锅放入适量油烧热，再放入大蒜爆香。

9 闻到香味后放入腌制好的牛肉片，炒变色后盛出备用。

10 另起锅，烧热后放入适量油和豆瓣酱炒出红油。

11 放入洋葱丝炒软。

12 放入蒜薹段炒断生。

13 最后放入牛肉片、干辣椒段和孜然粉翻炒均匀。

14 铁板烧热刷一层油，装上炒好的孜然牛肉即可。

TIPS

1. 牛肉要选没有筋膜、肉质比较嫩的部位，比如牛里脊；
2. 切牛肉的时候要逆着肉的纹路切，将纹路切断，吃的时候比较好嚼；
3. 家里没有铁板，也可以直接装盘。

牛肉锅

扫一扫 看视频

材料

牛肉400克·圆白菜300克·干张1张·洋葱1个·大蒜30克·生姜10克·大葱20克·小葱10克·八角1粒
香叶3片·干辣椒10克·花椒3克·料酒30克·生抽20克·老抽5克·蚝油10克·豆瓣酱20克

步骤

1 牛肉洗净，切块，冷水下锅大火煮开。

2 千张洗净，切丝。

3 洋葱去外皮，切丝。

4 大蒜去皮。

5 生姜切片。

6 大葱切长段。

7 圆白菜洗净，撕成较大的片。

8 焯牛肉的水开后撇掉浮沫，煮到没有多少浮沫出现后捞出牛肉，冲洗干净。

9 热锅放入适量油烧热，再放入大蒜和姜片炒香。

10 闻到香味后放入牛肉块炒至变色。

11 放入豆瓣酱翻炒均匀。

12 倒入适量水没过牛肉。

13 放入料酒、蚝油、生抽、老抽调味。

14 放入葱段、小葱、八角、香叶和花椒，盖盖小火煮40分钟。

15 煮好后夹出葱、香料。

16 砂锅放入洋葱丝和圆白菜片。

17 再放入千张丝。

18 放上牛肉块和干辣椒，浇上煮牛肉剩下的汤汁。

19 盖盖小火焖煮5分钟即可。

TIPS

1. 牛肉最好选肥瘦相间的牛腩，也可以配一些牛筋、牛肚；
2. 配菜可以根据自己的喜好选择；
3. 牛肉煮的时间要久一点，口感才够软烂。

番茄肥牛锅

扫一扫 看视频

材料

肥牛卷500克·大白菜400克·洋葱1个·老豆腐500克·番茄（西红柿）2个·生抽30克·蚝油20克
辣椒油适量·小葱段适量·盐适量

步骤

1 大白菜洗净，切丝。

2 洋葱去外皮，切丝。

3 老豆腐洗净，切块。

4 番茄划十字刀，放开水里烫起皮。

5 撕掉番茄皮，切小块。

6 砂锅中放入适量的油烧热，下入番茄块，将番茄炒软后再放入洋葱丝。

7 洋葱炒软后倒入半锅水，大火煮开。

8 水开后放入大白菜丝和豆腐块。

9 根据自己的口味放入生抽、蚝油、盐和辣椒油调味。

10 煮半锅水，放入肥牛卷焯水后捞出。

11 将焯过水的肥牛卷和小葱段放入砂锅中即可。

TIPS

1. 喜欢比较重的番茄味可以再加一点番茄酱；
2. 根据个人口味可以再准备点其他配菜；
3. 肥牛焯水的时候，烫变色后就马上捞出；
4. 最后肥牛下锅也不要煮太久。

芸豆土豆烧牛腩

扫一扫　看视频

材料

牛腩400克·土豆200克·芸豆200克·干辣椒10克·姜片20克·小葱20克·豆瓣酱20克·生抽30克
老抽10克·白醋5克

步骤

1 牛腩洗净，切大块。

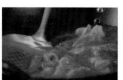

2 切好的牛腩冷水下锅，大火煮开后撇掉浮沫，煮到没有多少浮沫出现后捞出，用温水冲洗干净。

3 烧大半锅水放入冲洗干净的牛腩、生抽、老抽和白醋。

4 放入姜片和小葱，小火煮60分钟。

5 土豆洗净去皮，切块后放冷水里防止氧化变黑。

6 芸豆去蒂、去筋，从中间掰断。

7 牛腩煮好后放入土豆块，转中火煮10~15分钟。

8 油温加热到七八成热时，放入芸豆段炸到起皮后捞出沥油。

9 夹出小葱、姜片，捞出土豆和牛腩备用。

10 油烧热放入豆瓣酱炒出红油。

11 放入牛腩块、土豆块、芸豆段和干辣椒翻炒均匀。

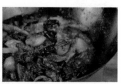

12 放入适量煮牛腩的汤汁，让食材都能充分吸收汤汁，出锅装盘即可。

荷叶黄牛蹄

扫一扫 看视频

🍲 材料

黄牛蹄1000克·胡萝卜2根·洋葱1个·大葱1根·红辣椒2个·青辣椒2个·生姜50克·大蒜100克·豆瓣酱30克
料酒30克·生抽30克·老抽10克·蚝油20克·啤酒2罐·小葱20克·鸡精适量·白糖适量·干荷叶一张

🥢 卤料

八角2粒 | 香叶3片 | 桂皮20克 | 花椒5克 | 山楂5克 | 白胡椒粒10克 | 干辣椒10克

👨‍🍳 步骤

1 黄牛蹄洗净，剁成块。

2 胡萝卜洗净削皮，切滚刀块。

3 洋葱去外皮，切块。

4 红辣椒、青辣椒去蒂、子，洗净，切片。

5 生姜切块。

6 大葱切段。

7 大蒜拍扁剥皮。

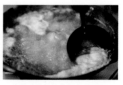

8 黄牛蹄块冷水下锅，大火煮开，撇去浮沫。

9 黄牛蹄煮到没有浮沫出现的时候捞出，用温水冲洗干净备用。

10 热锅放入适量油，再放入一半的洋葱块、姜块、大蒜和全部的葱段炒香。

11 放入豆瓣酱炒出红油。

12 放入黄牛蹄块翻炒均匀。

13 放入料酒翻炒去腥。

14 再根据自己的口味放入生抽、老抽和蚝油翻炒上色、调味，不用炒太久，炒到黄牛蹄上色均匀即可。

15 炒好的黄牛蹄倒入高压锅。

16 再倒入啤酒。

17 放入胡萝卜块、小葱、八角、香叶、桂皮、花椒、山楂、白胡椒粒和干辣椒。

18 高压锅上汽后转中小火再煮30分钟。

19 煮好后放汽，夹出黄牛蹄。

20 另起锅烧热，放入适量油烧热，放洋葱块、大蒜、姜块、辣椒片炒香。

21 放入卤好的黄牛蹄翻炒均匀。

22 再放入白糖、鸡精翻炒均匀。

23 炒好后放干荷叶上包起来。

24 蒸锅上汽后放入包好的黄牛蹄蒸30分钟。

25 蒸好后取出打开即可。

> **TIPS**
>
> 1. 黄牛蹄在菜市场和超市都不容易买到，可以从网上买，也可以用猪蹄代替，用猪蹄的话煮的时间要缩短；
> 2. 干荷叶也可以在网上购买，事先用凉水泡软；
> 3. 如果用普通锅，煮的时间要增加到60分钟；
> 4. 黄牛蹄不容易熟，要做到软糯的口感，蒸煮的时间一定要够。

麻辣牛百叶

扫一扫 看视频

材料

牛百叶500克·红辣椒100克·泡椒100克·芹菜150克·大蒜60克·花椒5克·豆瓣酱20克·生抽20克
蚝油20克

步骤

1 牛百叶洗净，切条。

2 红辣椒去蒂、子，洗净，切段。

3 泡椒切段。

4 芹菜择洗干净，切段。

5 大蒜去皮，切末。

6 热锅放入适量油烧热，再放入蒜末和花椒炒香。

7 闻到香味后放入豆瓣酱炒出红油。

8 放入红辣椒段和泡椒段炒断生。

9 放入牛百叶条和芹菜段翻炒均匀。

10 根据自己的口味放入生抽和蚝油调味即可。

TIPS

1. 牛百叶有黄百叶和白百叶，黄百叶只是做了简单的清洗，白百叶是用开水泡制后外皮自动脱落后形成的；
2. 牛百叶不宜煮太久，下锅后大火爆炒片刻即可。

广式牛杂

扫一扫　看视频

材料

牛杂2000克·白萝卜1根·生姜80克·大葱100克·洋葱1个·大蒜1头·八角1粒·草果1粒·香叶3片
花椒5克·干辣椒10克·白胡椒粒20克·老抽10克·生抽30克·蚕豆酱20克·韩式大酱20克
蚝油20克·番茄酱20克·鸡精适量·盐适量·辣椒酱适量

步骤

1 白萝卜削皮。

2 削好皮的萝卜切滚刀块。

3 生姜切块。

4 大葱切长段。

5 洋葱去外皮，对半切开，分四份。

6 牛杂洗净，冷水下锅。

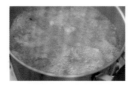
7 大火煮开后撇掉浮沫。

8 牛杂煮5~10分钟后捞出，冲洗干净。

9 热锅放入适量油烧热。

10 放入牛杂炒干表面的水分。

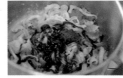
11 放入蚕豆酱、番茄酱、韩式大酱、老抽、蚝油翻炒上色、入味。

12 倒入大半锅水，大火煮开。

13 纱布袋里放入大蒜、洋葱、姜块和葱段。

14 纱布袋中再放入八角、草果、香叶、甘草、花椒、白胡椒粒和干辣椒。

15 水开后放入纱布袋和白萝卜块。

16 放入生抽、鸡精和盐调味。

17 转小火煮90分钟。

18 煮好后捞出纱布袋，尝一下味道，如果比较清淡再加点盐。

19 捞出牛杂放入砂锅中。

20 最后放上辣椒酱即可。

> **TIPS**
>
> 1. 牛杂可以在网上买，通常有牛肚、牛肠、牛筋、牛头肉、牛肺等；
> 2. 配菜和香料用纱布包起来煮，方便煮好后捞牛杂；
> 3. 辣椒酱选自己喜欢的就好。

凉拌牛肚

扫一扫 看视频

材料

牛肚200克・洋葱半个・大蒜40克・葱段40克・生姜20克・小米辣椒5克・料酒30克・生抽45克・醋20克 老抽5克・香油10克・红油10克・香菜段适量・熟白芝麻适量・白糖适量・盐适量・椒盐适量・花椒粉适量

卤料

八角1粒 | 香叶2片 | 干辣椒10克 | 花椒3克 | 孜然5克 | 甘草5克

步骤

1 牛肚洗净，切条。

2 牛肚条冷水下锅，放入适量料酒大火煮开焯水。

3 水开后继续煮5分钟左右，捞出牛肚。

4 另起锅，放入牛肚条、葱段、部分大蒜、生姜和卤料包。

5 放入料酒、老抽、生抽、醋、白糖和盐调味。

6 大火煮开后转小火煮90分钟。

7 洋葱去外皮，切丝。

8 剩余的生姜、大蒜和小米辣椒切末。

9 生抽、醋、红油和香油调成凉拌汁。

10 凉拌汁里放入切好的姜末、蒜末和小米辣椒末拌匀。

11 夹出煮好的牛肚。

12 牛肚条和洋葱丝、香菜、熟白芝麻、椒盐、花椒粉和凉拌汁拌匀即可。

TIPS

1. 牛肚比较难熟，煮的时间要久一点；
2. 凉拌汁可以根据自己的口味做调整。

砂锅羊肉

扫一扫 看视频

材料

羊肉400克 · 胡萝卜200克 · 洋葱1个 · 大葱50克 · 大蒜20克 · 生姜10克 · 干辣椒10克 · 花椒5克 · 香叶3片
八角1粒 · 料酒10克 · 生抽20克 · 老抽5克 · 盐适量

步骤

1 胡萝卜洗净，削皮后切滚刀块。

2 洋葱去外皮，切丝。

3 大葱切段，生姜切片，大蒜切块。

4 羊肉切块后冷水下锅，大火煮开焯水。

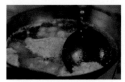

5 水开后撇去浮沫，煮到没有什么新的浮沫出现后捞出羊肉，用温水冲洗干净。

6 热锅放入适量油烧热，将姜片、蒜块和洋葱丝炒香（留少许洋葱丝待用）。

7 闻到香味后放入羊肉块翻炒均匀。

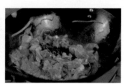

8 倒入料酒、生抽和老抽翻炒上色（喜欢酱香味的朋友可以再加点甜面酱和蚕豆酱）。

9 放入胡萝卜块翻炒均匀。

10 加入适量开水大火煮开。

11 煮开后将所有的食材和汤汁放入砂锅中。

12 放入八角、花椒、香叶、干辣椒和葱段。

13 小火煮90分钟。

14 煮好后夹出大葱和香料，放入适量盐拌匀。

15 最后放上剩余洋葱丝（也可以放香菜、青蒜或者小葱）即可。

烤羊排

扫一扫　看视频

材料

羊排500克·大葱1根·洋葱1个·生姜40克·八角1粒·香叶2片·桂皮5克·花椒5克·白胡椒粒10克·料酒30克
白糖10克·鸡精10克·盐10克·孜然粉适量·姜黄粉适量·辣椒粉适量·熟白芝麻适量·小葱末适量

🍳 步骤

1 大葱切长段。

2 生姜切片。

3 洋葱去外皮，切丝。

4 羊排冷水下锅，大火煮开。

5 撇掉浮沫。

6 羊排煮到没有什么浮沫出现的时候，放入葱段、姜片、八角、花椒、香叶、桂皮、白胡椒粒、料酒、白糖、鸡精和盐。

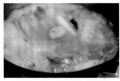
7 中小火煮40分钟。

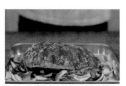
8 羊排煮好后捞出，放入用洋葱丝打底的托盘上，然后根据个人口味，均匀地抹上孜然粉、姜黄粉和辣椒粉。

9 烤箱预热，上火230℃、下火180℃烤30分钟。

10 烤好后取出，沿骨缝切开。

11 铁板用洋葱丝打底，然后放上羊排，撒上熟白芝麻和小葱末即可。

TIPS

1. 羊排要选去皮的；
2. 羊肉的膻味比较重，煮羊肉的时候配料的分量要足够；
3. 姜黄粉主要用来上色，没有也可以不用；
4. 烤箱的温度和时间仅供参考，具体温度和时间根据个人的烤箱做调整。

烤羊腿

扫一扫　看视频

材料

羊腿1只·胡萝卜2根·洋葱1个·胡椒碎适量·孜然粉适量·辣椒粉适量·盐适量

步骤

1 羊腿洗净，改刀，以便腌制入味。

2 放入胡椒碎、孜然粉、辣椒粉、盐和油。

3 将调料均匀地抹在羊腿上。

4 包上保鲜膜，放冰箱冷藏一夜。

5 胡萝卜洗净，去皮，切块。

6 洋葱去外皮，切丝。

7 烤盘放上胡萝卜块和洋葱丝打底，再放上羊腿。

8 盖上锡纸。

9 放入烤箱，180℃烤90分钟。

10 烤好后取出羊腿放在烤架上。

11 再放入烤箱，200℃烤20分钟。

12 烤好后取出羊腿即可。

TIPS

1. 羊腿肉比较厚，腌制的时间一定要够，才能入味；
2. 第一次包上锡纸烤是为了锁住羊腿的水分将其烤熟，用低温慢烤，时间一定要够。第二次去掉锡纸烤，是为了让羊腿的表面烤脆，要高温快烤，时间不能久。

羊蝎子

材料

羊蝎子800克·洋葱1个·大葱50克·大蒜40克·生姜20克·香菜段20克·干辣椒10克·花椒5克·八角3粒
香叶3片·甜面酱50克·豆瓣酱50克·生抽30克·老抽10克·料酒20克·白醋10克·盐适量

步骤

1 羊蝎子洗净，剁成段，加水泡出血水。

2 大葱切段。

3 洋葱去外皮，切丝。

4 生姜切片。

5 香菜洗净，切段。

6 大蒜压扁去皮。

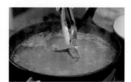

7 泡好的羊蝎子冷水下锅，大火煮开后继续煮5分钟左右捞出。

8 锅中放油将葱段、姜片、大蒜、洋葱丝和香菜段（去叶）炒香。

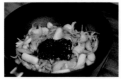

9 炒香后放入甜面酱和豆瓣酱翻炒。

10 放入羊蝎子翻炒均匀。

11 加入开水没过羊蝎子。

12 放入干辣椒、花椒、八角、香叶、料酒、生抽、老抽、白醋。

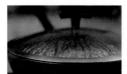

13 小火煮2小时。

14 加入盐调味，煮好后夹出羊蝎子装盘。

15 浇上汤汁。

16 放上香菜段即可。

TIPS

1. 羊蝎子在实体店买不到的话，可以在网上买；
2. 羊蝎子要想软烂入味烹制时间很重要，一定要小火煮够2小时，高压锅上汽后要40分钟以上再关火，做出来的羊蝎子才够软烂入味；
3. 浇汤汁时要滤掉渣子；
4. 最后装羊蝎子也可以用一个大点的锅，烫一些配菜。

诱人禽蛋

手撕童子鸡

扫一扫 看视频

材料

童子鸡1只·姜片30克·葱段60克·小葱20克·老抽50克·生抽100克·料酒50克·鸡精适量·辣椒粉适量 孜然粉适量·花椒粉适量·椒盐适量·盐适量

步骤

1 童子鸡洗净，去掉脖子、屁股和爪子。

2 童子鸡冷水下锅，再放入姜片、葱段、小葱、料酒、老抽、生抽、鸡精和盐。

3 大火煮开后撇去浮沫，转小火煮40分钟。

4 关火，等鸡在锅里自然放凉后取出，晾干水分。

5 鸡晾干后，用刀在鸡胸和鸡腿的地方划开。

6 油温加热到七八成热，放入鸡炸制。炸的时候注意翻面，炸均匀。

7 炸好捞出沥油。

8 等鸡放到不烫手的时候撕开。

9 最后根据自己的口味放入辣椒粉、孜然粉、花椒粉和椒盐拌匀即可。

TIPS

1. 要选个头儿较小的童子鸡，不要太大或者是老母鸡，不然做出来的肉质比较柴；
2. 煮的时候不要盖盖，敞开锅煮，中途翻面两三次；
3. 炸鸡前一定要等鸡身和鸡腹内的水晾干，防止炸的时候溅油；
4. 炸鸡的时候注意油温和时间，防止炸煳了。

手撕葱油鸡

扫一扫　看视频

材料

鸡1只·小葱150克·生姜50克·料酒20克·老抽10克·生抽60克·辣椒油适量·黑胡椒碎适量·盐适量

🍳 **步骤**

1 小葱洗净，大部分切长段，小部分切短段。

2 生姜切片。

3 鸡冲洗干净，放入适量黑胡椒碎和盐。

4 再放入小葱段和姜片。

5 揉搓均匀。

6 加入适量清水没过鸡，再放入料酒、老抽和生抽。

7 腌制3小时以上。

8 腌制好后在鸡腹中放入小葱段。

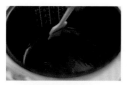
9 电饭锅锅底刷油。

10 放入小葱段和姜片。

11 放入鸡。

12 用煮饭模式。

13 煮好后取出。

14 沿鸡肉的纹理撕成小块。

15 撕好的鸡肉装盘。

16 油烧至七八成热的时候关火，放入小葱段制成葱油。

17 鸡肉中放入葱油、生抽和辣椒油即可。

TIPS

1. 用个头儿较小的公鸡，去掉脖子、屁股和指甲；
2. 腌制的时间要久一点，最好过夜；
3. 撕鸡肉的时候注意顺着鸡肉的纹理撕；
4. 不能吃辣可以不放辣椒油。

风味烤鸡

材料

三黄鸡1只·小葱30克·苹果半个·蚕豆酱15克·玫瑰腐乳1块·番茄酱30克·蚝油30克·黄油适量

盐适量

步骤

1 将鸡爪和鸡脖子去掉。

2 剪去鸡屁股。

3 将鸡冲洗干净，特别是鸡肚里面，然后放入清水中，再放入适量盐，泡2小时以上。

4 碗中放入蚕豆酱、玫瑰腐乳、番茄酱和蚝油搅拌均匀。

5 取出泡好的鸡，然后将调制好的酱料在鸡全身抹匀，鸡肚子里面也要抹到，并放入小葱。

6 包上保鲜膜，放冰箱冷藏一夜。

7 第二天取出冷藏好的鸡，然后风干鸡表面的水分，注意要给鸡翻身，每个面都要风干。

8 在风干的鸡肚子里放入半个洗净的苹果。

9 鸡翅尖和鸡腿关节的地方，烤的时候比较容易煳，要包上锡纸，再用棉线将鸡翅和鸡腿绑在一起固定好。

10 刷上一层化开的黄油。

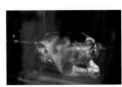

11 烤箱预热180℃烤1小时。如果烤箱没有旋转模式，中途要给鸡翻身。

12 烤好后取出，剪掉棉线，去掉锡纸即可。

TIPS

1. 要选个头儿较小的小公鸡;
2. 腌制好的鸡烤之前表面一定要风干;
3. 使用没有旋转功能的烤箱, 中途要翻面2~3次, 每次间隔时间大约20分钟;
4. 烤的温度及时间, 根据烤箱的不同、鸡的大小做调整, 温度不宜太高。

辣子鸡

扫一扫　看视频

材料

鸡腿2只（约400克）·朝天椒50克·灯笼椒50克·大葱20克·大蒜20克·生姜10克·花椒5克·生抽30克 老抽5克·料酒5克·五香粉适量·白芝麻适量·盐适量

步骤

1 鸡腿洗净，去骨后切块。

2 鸡块放入料酒、生抽、老抽、五香粉和盐抓匀。

3 鸡块腌制30分钟以上。

4 辣椒剪段。这里选了朝天椒和灯笼椒，朝天椒味辣，灯笼椒味香。

5 剪好的辣椒去子。

6 生姜切粗丝，大蒜略拍，大葱切段。

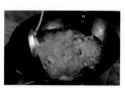

7 油烧至六七成热放入腌制好的鸡块，炸大约5分钟至表面金黄，捞出沥油。

8 锅留少量底油，放入葱段、姜丝、蒜瓣和花椒炒香。

9 炒香后放入剪好的辣椒翻炒。

10 放入鸡块翻炒均匀。因为鸡肉提前腌制过，就不用再放调料调味了。

11 最后关火，放入白芝麻翻炒均匀后出锅。

12 装盘即可。

TIPS

1. 鸡腿去骨吃起来比较方便，也可以直接切块或者选整只小公鸡；
2. 朝天椒比较辣，灯笼椒比较香，可以根据个人口味按比例选择；
3. 辣椒子最好都去掉，否则炒的时候容易粘到鸡肉上，吃起来不方便；
4. 辣椒炒之前可以放水里泡一下，可以避免炒煳；
5. 炸的时候要小心溅油，也不要炸太久。

葫芦鸡

扫一扫 看视频

材料

三黄鸡1只·姜片10克·葱段20克·八角2粒

香叶4片·花椒5克·干辣椒10克·老抽10克

生抽30克·料酒20克·盐适量

TIPS

1. 选个头儿较小的公鸡，不能选老母鸡；
2. 鸡要去掉脖子、鸡爪和屁股；
3. 鸡要先煮再蒸，一定要绑绳子，不然容易散架；
4. 做出的鸡味道比较清淡，可以配一个干碟或者油碟蘸食。

步骤

1 鸡放盐水里泡1小时以上，时间充足的话可以放冰箱腌制一天。盐水的比例是1000克水大约放6克盐。

2 用绳子将鸡绑好，防止卤和蒸的时候鸡散架。

3 鸡冷水下锅，大火烧开后撇掉浮沫。

4 锅中放入姜段、葱段、八角、香叶、花椒、干辣椒、老抽、生抽和料酒小火煮30分钟，卤汤备用。

5 煮好后捞出鸡，放入盘中，浇上卤汤。

6 将煮好的鸡放蒸锅中小火蒸2小时。

7 蒸好后剪去绳子，自然放凉。

8 油温加热到八九成热，先用热油淋到鸡身上让鸡定型，然后放入锅中炸到鸡皮变酥。

9 炸好后捞出沥油即可。

砂锅烤鸡

扫一扫 看视频

📦 材料

三黄鸡1只·辣椒60克·洋葱半个·生姜20克

小葱20克·料酒10克·老抽5克·生抽30克

蚝油20克·黑胡椒碎适量·盐适量

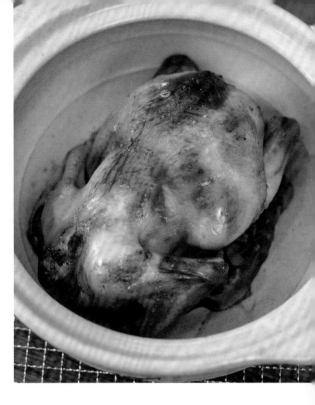

TIPS

1. 选个头儿较小的公鸡;
2. 鸡腌制的时间要够长,最好能过夜;
3. 烤箱的温度和时间根据鸡的大小做调整。第一次烤用低温烤熟,第二次烤用高温上色。

👨‍🍳 步骤

1 生姜切片。

2 洋葱去外皮,切丝。

3 辣椒洗净,去蒂、子切小段。

4 鸡剪去指甲和屁股。

5 准备一个大容器,放入鸡、黑胡椒碎、盐、料酒、老抽、生抽、蚝油、姜片、洋葱丝、辣椒段和小葱抓匀。

6 将部分小葱、姜片、洋葱丝、辣椒段放入鸡腹中,腌制4小时以上。

7 腌制好后取出鸡腹中的小葱、姜片、洋葱丝、辣椒段。

8 砂锅放入姜片打底,再放上腌制好的鸡。

9 烤箱预热180℃,砂锅盖盖烤35分钟。

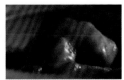

10 烤好后揭掉盖子再用230℃烤20分钟即可。

石锅鸡

扫一扫 看视频

材料

鸡腿300克·红辣椒100克·青辣椒100克·洋葱半个·大蒜20克·生姜10克·生抽20克·蚝油10克
料酒10克·黑胡椒碎适量·盐适量·淀粉适量

步骤

1 鸡腿洗净，切块。

2 切好的鸡腿冲洗干净，放入黑胡椒碎、盐、料酒拌匀。

3 再放入淀粉拌匀，腌制10分钟以上。

4 大蒜去皮，生姜切块。

5 洋葱去外皮，切块。

6 红辣椒、青辣椒洗净，去蒂、子，切段。

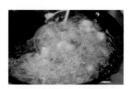

7 油温烧至六七成热放入鸡块，炸到表面焦黄，捞出沥油。

8 锅中留少量油，放入姜块、大蒜、洋葱块和辣椒段炒香。

9 放入炸好的鸡块翻炒均匀。

10 倒入蚝油和生抽翻炒均匀。

11 装入石锅即可。

TIPS

1. 鸡腿肉多且嫩，分量也容易控制，比用整鸡更方便、好吃。除了鸡腿还可以用鸡翅；
2. 淀粉的量不要多，让鸡肉挂上薄薄的一层糊就行了，多了影响口感；
3. 炸鸡块的油温不要高，主要是为了炸熟，缩短后面炒的时间，让鸡肉更嫩；
4. 配菜可以根据自己的口味选择；
5. 最后炒的时候要大火快炒，时间不能长；
6. 石锅保温性好，装盘前先放烤箱加热，没有石锅也可以用普通盘子代替。

鸡公煲

扫一扫 看视频

材料

鸡腿2只·洋葱200克·大蒜100克·生姜30克·芹菜200克·甜面酱50克·老抽20克·生抽30克·蚝油30克
啤酒1罐·辣椒粉适量·十三香适量·鸡精适量·盐适量

步骤

1 鸡腿洗净，切块。

2 切好的鸡块冲洗干净，放冷水里浸泡1小时以上去除血水。

3 生姜切片。

4 大蒜剥皮压扁。

5 洋葱去外皮，切丝。

6 芹菜择洗干净，切段。

7 泡好的鸡块沥干水，放入甜面酱、老抽、生抽、蚝油、辣椒粉、十三香、鸡精和盐抓匀，腌制3小时以上。

8 热锅放入适量油烧热，放入姜片、大蒜、洋葱丝炒香。

9 锅中放入腌制好的鸡块翻炒均匀。

10 倒入啤酒大火煮开。

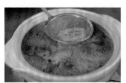

11 撇掉浮沫。

12 盖上砂锅盖，中火煮10分钟。

13 煮好后放入芹菜段翻炒均匀即可。

TIPS

1. 这里选的是鸡腿，也可以用整鸡，或者是鸡腿配鸡翅；
2. 买整鸡的话要选小公鸡，千万不要买老母鸡；
3. 喜欢吃辣的朋友可以再配点辣椒；
4. 鸡肉的血水一定要泡干净，可以换2~3次水。

麻辣翅尖

扫一扫　看视频

材料

鸡翅尖500克·干辣椒110克·姜片60克·小葱20克

花椒5克·桂皮10克·八角1粒·料酒40克

老抽10克·生抽30克·蚝油30克·黄灯笼椒10克

花椒油5克·白糖适量·鸡精适量·盐适量

TIPS

1. 翅尖有新鲜的和冰鲜的，新鲜翅尖可以直接
   焯水，冰鲜翅尖要泡去血水再焯水；
2. 不能吃辣，可以少放点干辣椒；
3. 没有花椒油可以用花椒代替；
4. 干辣椒剪段后冲洗一下再炒，可以避免炒煳。

步骤

1 鸡翅尖先在冷水里泡1小时左右，然后冲洗干净，冷水下锅，放入料酒和姜片大火煮开。

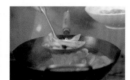

2 水开后撇掉浮沫，翅尖煮到没有多少新的浮沫出现后捞出，再冲洗干净。

3 重新准备大半锅水，放入翅尖、姜片、小葱、干辣椒、花椒、八角、桂皮、料酒、老抽、生抽、蚝油，大火煮开。

4 水开后转小火，盖盖煮40分钟。

5 煮好后，凉凉，连汤汁放冰箱冷藏一夜。

6 隔天起锅，放入适量油烧热，放姜片和干辣椒炒香。

7 放入翅尖翻炒均匀。

8 根据自己的口味放入黄灯笼椒、花椒油、白糖、鸡精和盐翻炒入味即可。

蒸鸡翅

扫一扫 看视频

材料

鸡翅200克·土豆250克·剁椒50克·豆豉20克
生姜10克·大蒜20克·料酒10克·老抽5克
生抽20克·蚝油20克·小葱末适量·黑胡椒碎适量
盐适量

TIPS

1. 鸡翅切块后可以放冷水里泡一会儿去除血水；
2. 没有豆豉可以用豆豉酱代替；
3. 没有蒸箱可以放锅里蒸，注意全程用大火。

步骤

1 鸡翅洗净，从中间剁开。

2 生姜、大蒜、豆豉都切成末。

3 鸡翅放入姜末、蒜末、豆豉末、料酒、老抽、生抽、蚝油、黑胡椒碎、盐拌匀。

4 土豆洗净，削皮后切块。

5 土豆块打底，放上腌制好的鸡翅块和剁椒。

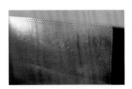

6 蒸箱上汽后放入鸡翅土豆蒸30分钟，取出，撒上小葱末即可。

鸡翅大虾煲

材料

鸡翅200克·虾200克·青辣椒80克·小米辣椒20克·大蒜30克·洋葱1个·豆瓣酱20克·生抽30克 料酒适量·黑胡椒碎适量·熟白芝麻适量·盐适量

步骤

1 鸡翅洗净，在两面划几刀。

2 放入盐、黑胡椒碎、料酒拌匀，腌制10分钟。

3 虾开背去虾线后冲洗干净。

4 放入盐、黑胡椒碎、料酒拌匀，腌制10分钟。

5 青辣椒洗净，去蒂、子，切段。

6 小米辣椒洗净，去蒂、子，切段。

7 大蒜去皮。

8 洋葱去外皮，切片。

9 锅中放入少量油烧热，再放入鸡翅小火慢煎。

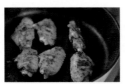

10 注意观察，鸡翅煎到焦黄色时翻面，小火继续煎另一面至焦黄，取出备用。

11 将洋葱片和大蒜炒香。

12 闻到香味后放入虾翻炒。

13 虾炒至变色放入鸡翅、豆瓣酱和生抽。

14 再放上青辣椒段、小米辣椒段翻炒均匀后出锅。

15 装盘后撒上熟白芝麻即可。

鸡腿卷虾仁

扫一扫 看视频

材料

鸡腿1只·虾2只·生姜10克·大蒜20克·小米辣椒10克·香菜5克·料酒15克·生抽40克·醋10克
香油10克·淀粉适量·黑胡椒碎适量·白糖适量·熟白芝麻适量·盐适量

步骤

1 鸡腿洗净，去骨，沿卷虾仁垂直的方向划几刀。

2 虾去壳及虾线洗净。

3 鸡腿和虾放入黑胡椒碎、盐和料酒抓匀腌制。

4 先用鸡腿卷虾，然后用锡纸包住。

5 水开后放入卷好的鸡腿小火蒸30分钟。

6 生姜和大蒜切末。

7 小米辣椒和香菜洗净，切小段。

8 碗中放入姜末、蒜末、小米辣椒段、香菜段，再根据自己的口味放白糖、盐、生抽、醋和香油拌匀调成料汁。

9 鸡肉卷蒸好后撒上适量淀粉，煎的时候皮更脆。

10 锅中放适量油，将鸡肉卷煎到表面金黄。

11 煎好后放凉，切厚片。

12 最后浇上料汁，再撒上适量熟白芝麻即可。

TIPS

1. 鸡腿要选较大的全鸡腿;
2. 虾尽量用大一些的,我用的差不多有一手掌长的,如用小一些的虾也行,多卷几个就好了;
3. 煎的时候注意翻面,每个地方都要煎到;
4. 鸡腿卷放凉了再切。

小炒鸡杂

扫一扫　看视频

材料

鸡胗100克·鸡肝100克·鸡心100克·芹菜80克·酸豆角60克·剁椒30克·泡椒30克·生姜10克

老抽5克·生抽20克·料酒适量·鸡精适量·淀粉适量·黑胡椒粉适量·盐适量

步骤

1 鸡胗洗净，切花刀。

2 鸡肝洗净，先从中间片开再切花刀。

3 鸡心洗净，片片后切花刀。

4 切好的鸡胗、鸡肝、鸡心倒入料酒、黑胡椒粉、盐和淀粉抓匀。

5 再放适量油抓匀，腌制10分钟以上。

6 芹菜择洗干净，切长段。

7 生姜切片，泡椒切段。

8 碗里放入淀粉、鸡精、黑胡椒粉、盐、料酒、老抽、生抽搅匀制成料汁。

9 热锅放入适量油烧热，放入腌制好的鸡杂大火快炒至变色。

10 鸡杂变色后放入剁椒、泡椒段、姜片、酸豆角和芹菜段翻炒匀。

11 最后放入调好的料汁翻炒。

12 大火快炒均匀，关火出锅即可。

TIPS

1. 鸡胗、鸡肝、鸡心可以根据个人的喜好选择；
2. 鸡杂的处理比较考验刀工，切不好花刀也可以直接切小块；
3. 淀粉的量要少放一点，鸡杂挂一层薄薄的淀粉就好；
4. 这道菜是酸辣口味的，酸味主要来自酸豆角，喜欢酸味的朋友酸豆角一定要放。

虎皮凤爪

扫一扫　看视频

材料

鸡爪（凤爪）600克·姜片10克·大蒜20克·小葱30克·花椒5克·干辣椒10克·料酒10克·老抽5克 生抽20克·蚝油20克·盐适量

步骤

1 鸡爪冲洗干净，去掉指甲，然后用厨房纸擦干水分或者自然风干水分。

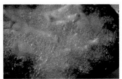

2 油温加热到六七成时放入鸡爪，等鸡爪炸2~3分钟不粘的时候再翻动，将鸡爪炸匀。

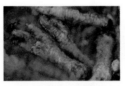

3 鸡爪炸到金黄色时捞出，放冷水里泡到起皮，大约1小时。

4 热锅放入适量油烧热，将姜片、大蒜、花椒和干辣椒炒香。

5 放入鸡爪、料酒翻炒。

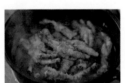

6 放入适量开水没过鸡爪。

7 倒入老抽、生抽和蚝油调味、上色。

8 放入小葱。

9 小火煮20分钟。

10 煮好后夹出小葱。

11 根据自己的口味放入适量盐翻匀。

12 最后大火收汁即可。

TIPS

1. 鸡爪炸之前一定要擦干水，不然容易溅油；
2. 炸鸡爪的时候注意翻面，将鸡爪炸均匀，颜色稍深即可出锅，以免炸焦。

烧凤爪

扫一扫　看视频

材料

鸡爪400克·大葱1根·生姜1块·八角1粒·桂皮1小块·香叶2片·孜然2克·花椒2克·干辣椒10克

小葱花5克·料酒20克·老抽10克·生抽30克·白糖适量·鸡精适量·盐适量

步骤

1 鸡爪洗净，去掉指甲。

2 大葱分别切长段和短段（长的卤鸡爪时用，短的后面炒的时候用）。

3 生姜切大块和小块（同样是卤和炒的时候分别使用）。

4 鸡爪冷水下锅，大火烧开后撇去浮沫。

5 撇完浮沫，放入葱段、姜块、八角、桂皮、花椒、香叶和孜然。

6 倒入老抽、生抽和料酒。

7 最后放入白糖和鸡精。

8 小火煮30分钟。

9 煮好后，自然放凉，卤汤备用。

10 捞出鸡爪。

11 热锅冷油，放入葱段、姜块、花椒炒香。

12 放入鸡爪翻炒均匀。

13 放入适量卤汤。

14 放入白糖、鸡精和盐翻炒调味。

15 大火收汁。

16 出锅前，放入小葱花、孜然和干辣椒即可。

> **TIPS**
>
> 1. 香料的量都不要多，多了会有苦味并盖过鸡爪的味道；
> 2. 煮好的鸡爪在卤汤中自然放凉会更入味；
> 3. 喜欢吃比较软烂的，煮鸡爪的时间可以久一点。

香椿铺鸡蛋

扫一扫 看视频

材料

香椿100克 · 鸡蛋4个 · 生抽20克 · 盐适量

TIPS

1. 香椿的根部比较硬，影响口感，需要切掉；
2. 香椿也可以提前焯水，注意要等水烧开再放香椿，烫变色后捞出；
3. 煎的时候要注意火候，鸡蛋不能煎得太老。

步骤

1 香椿洗净，去头，切小段，盛入碗中。

2 盛香椿的碗中打入鸡蛋，再加适量盐。

3 边加水边用筷子搅匀。

4 热锅倒入适量油烧热，再倒入蛋液。

5 用锅铲轻轻地推蛋液，让蛋液全部能煎到。

6 等蛋液煎到定型后翻面继续煎。

7 放入生抽翻炒均匀出锅即可。

丝瓜炒蛋

扫一扫　看视频

材料

丝瓜1根·鸡蛋3个·盐3克

> **TIPS**
>
> 1. 鸡蛋喜欢吃嫩一点的，炒好后可以先盛出来，等丝瓜炒好再放入，一起翻炒入味后出锅；
> 2. 可以放一点生抽调味，味道会更丰富。

步骤

1 鸡蛋磕开打匀。

2 丝瓜去皮洗净，切滚刀块。

3 热锅放油烧热，可以多一点，倒入鸡蛋液，先不要动，等鸡蛋液开始凝固后用筷子轻轻拨动，让蛋液继续凝固。

4 鸡蛋全部凝固后立刻放入丝瓜块翻炒。

5 丝瓜开始变软后放入小半碗水，大火烧。

6 最后放入适量盐调味，出锅即可。

烧鸭腿

材料

鸭腿2只·姜片10克·小葱20克·干辣椒5克·花椒5克·八角2粒·香叶3片·料酒40克·蚕豆酱30克
生抽30克·老抽5克

步骤

1 鸭腿洗净，冷水下锅，放入料酒大火烧开。

2 水开后撇掉浮沫，煮5分钟左右夹出鸭腿。

3 鸭腿擦干水分，先煎带皮的一面，煎到皮焦黄后翻面继续煎，等鸭肉的另一面也煎到焦黄后夹出鸭腿。

4 另起锅，热油后放入蚕豆酱炒香。

5 炒香后放入姜片、八角、干辣椒、香叶和花椒继续翻炒。

6 炒香后倒入适量清水大火烧开。

7 倒入料酒、生抽和老抽。

8 烧开后放入鸭腿和小葱。

9 转小火煮1小时，取出小葱。

10 最后一边大火收汁一边将汤汁浇到鸭腿上。

11 盛出鸭腿，切块即可。

TIPS

1. 鸭腿一般都会有点腥味，要想好吃，去腥是非常关键的一步。一般超市里卖的都是冷冻鸭腿，买回家后先放水里化冻，泡出血水后再做，以去除部分腥味；
2. 在炒的时候香料去腥也是非常重要的，一定要放；
3. 汤汁不用收得太干，最后装盘的时候还可以浇上少许汤汁。

麻辣鸭血

扫一扫 看视频

材料

鸭血300克·青蒜80克·生姜10克·大蒜20克·豆瓣酱30克·料酒40克·生抽30克·花椒适量
干辣椒适量·香菜段适量·盐适量

步骤

1 鸭血洗净，切块。

2 青蒜洗净，拍几下后切段。

3 生姜切丝，大蒜切片。

4 准备半锅水，放入料酒和盐大火煮开。

5 水开后放入鸭血块焯水。

6 等水再次煮开后捞出鸭血。

7 锅中放比平时炒菜多一点的油烧热，先将姜丝、蒜片和青蒜段炒香。

8 炒香后放入豆瓣酱炒出红油。

9 然后放入大半锅水、料酒、生抽和盐大火煮开。

10 水开后放入鸭血块大煮2~3分钟至入味。

11 煮好后装盘。

12 放上花椒、干辣椒和香菜段。

13 最后浇上热油即可。

TIPS

1. 鸭血焯水要等水开后再放，煮的时间不能太久；
2. 干辣椒和花椒的量，根据个人的口味放。

094 巧做硬核家常菜视频版

鲜香水产

生焗鱼头

扫一扫　看视频

材料

鱼头1个·洋葱1个·生姜20克·大蒜80克·小葱40克·香菜段20克·剁椒150克·甜面酱50克
料酒60克·蒸鱼豉油30克·盐适量

步骤

1 鱼头洗净，切块，放入盆中，加料酒和盐。

2 放上小葱一起抓均匀，腌制30分钟以上。

3 洋葱去外皮，切丝。

4 生姜切片。

5 大蒜压扁剥皮。

6 腌制好的鱼头冲洗干净，放上甜面酱、料酒和剁椒抓匀。

7 热锅放入适量油烧热，放入大蒜、姜片、洋葱丝炒软。

8 放入鱼块码整齐。

9 倒入蒸鱼豉油。

10 放上小葱和香菜段。

11 盖盖，中火煮20分钟，关火闷5分钟。

12 闷好后夹出小葱和香菜。

13 最后放上香菜段装饰即可。

TIPS

1. 鱼头要选个头儿大的、肉比较多的，切块后先放冷水泡一段时间去掉血水；
2. 焗鱼头的时候不适合用大火，容易煳底，选中火最合适。具体时间根据鱼头的大小、砂锅的大小做调整；
3. 喜欢口味重一些的朋友，腌制时可以放些干辣椒和花椒。

红烧鱼头

扫一扫　看视频

材料

鱼头半个·生姜10克·大葱20克·大蒜20克·小葱15克·干辣椒10克·老抽10克·生抽30克·料酒20克
香菜段适量·盐适量

步骤

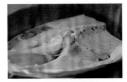

1 鱼头放盐水里泡1小时以上，盐和水的比例是1000克的水大约放6克盐。

2 生姜切小块。

3 大葱切段。

4 大蒜压扁去皮。

5 锅中放油烧热，炒香葱段、姜块、大蒜。

6 加入半锅清水，再倒入老抽、生抽和料酒大火烧开。

7 水开后放入鱼头、小葱和干辣椒，用勺子将汤汁均匀地浇到鱼头上。

8 小火煮15分钟。

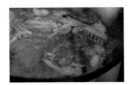

9 大火收汁，不要收得太干，要留点汤汁。

10 装盘浇上汤汁。

11 再放点香菜段即可。

TIPS

1. 鱼头要买较大的、肉多的；
2. 鱼头比较容易熟，煮的时间不要太久；
3. 老抽和生抽都有咸味，出锅前尝下味道，太清淡了再放盐。

酥香大黄鱼

扫一扫　看视频

🍲材料

大黄鱼1条·生姜20克·大蒜60克·干辣椒20克·小葱30克·葱花5克·料酒10克·生抽30克·蚝油20克
盐适量·面粉适量

步骤

1 大黄鱼治净，两面切花刀。

2 改刀好的大黄鱼倒上盐和料酒，抹匀。

3 腌制10分钟以上。

4 生姜切片。

5 大蒜压扁剥皮。

6 干辣椒剪小段，去子。

7 腌制好的大黄鱼冲洗干净、擦干水，裹上一层面粉。

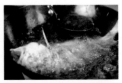
8 油温加热到七八成热，双手捏住鱼头和鱼尾先炸定型，然后整鱼放锅里炸，炸不到的地方用勺子将热油浇在鱼身上。

9 炸好的黄鱼捞出沥油。

10 热锅放油烧热，炒香姜片、大蒜、干辣椒段。

11 放入半锅水大火煮开。

12 放入料酒、生抽、蚝油和小葱烧开。

13 放入炸好的大黄鱼煮入味。

14 大黄鱼入味后拣出小葱，装盘，浇上汤汁。

15 最后撒上葱花即可。

TIPS

1. 腌制大黄鱼的时候，鱼腹内也要抹料酒和盐；
2. 炸鱼时为了防止热油飞溅，大黄鱼在裹面粉的时候每个地方都要裹匀，特别是鱼腹内也要抹一层面粉；
3. 大黄鱼肉质比较嫩，在炸鱼和煮鱼的时候都不要翻面，而是不断地用勺子将热油和汤汁浇到鱼身上。

酱烤鲈鱼

材料

鲈鱼1条·洋葱1个·料酒40克·生抽30克·蚝油20克·甜面酱20克·黑胡椒碎适量·鸡精适量
水淀粉适量·盐适量·香菜适量

步骤

1 鲈鱼治净,两面切花刀。

2 将黑胡椒碎、盐和料酒倒在鱼身上抹匀,腌制10分钟。

3 洋葱去外皮,切丝。

4 香菜洗净,切段。

5 锅中倒入水、料酒、生抽、蚝油、甜面酱、鸡精和盐大火煮开。

6 水开后转小火,倒入适量水淀粉搅匀。

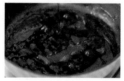

7 再放入适量油搅匀制成酱料。

8 腌制好的鱼冲洗干净,倒上做好的酱料抹匀。

9 放上洋葱丝和香菜段,鱼腹里面也放一点洋葱丝和香菜段。

10 包上锡纸。

11 放入烤箱200℃烤20分钟。

12 烤好取出,揭开锡纸即可。

TIPS

1. 没有烤箱,鱼也可以用锡纸包住后放平底锅上煎;
2. 这里酱料口味比较清淡,喜欢吃辣的朋友,做酱料时可以放些黄灯笼辣椒酱;
3. 给鱼身抹酱料的时候,鱼腹内也要抹到。

蒜香焗鲈鱼

扫一扫　看视频

材料

鲈鱼1条·洋葱1个·大蒜100克·生姜40克·小米辣椒10克·淀粉10克·生抽20克·蚝油20克
料酒适量·黑胡椒碎适量·葱花适量·盐适量

步骤

1 鲈鱼治净，切块。

2 鱼块放入料酒、黑胡椒碎和盐抓匀，腌制10分钟以上。

3 生姜切片。

4 洋葱去外皮，切片。

5 大蒜去皮，一半切末。

6 小米辣椒切小段。

7 切好的蒜末和小米辣椒段放入碗中，浇上八九成热的油制成蒜泥料。

8 放入生抽、蚝油和淀粉拌匀。

9 腌制好的鱼块冲洗干净，倒入蒜泥料拌匀再腌10分钟以上。

10 砂锅放入适量油，再放入姜片、蒜瓣、洋葱片炒香。

11 炒香后放入鱼块和蒜泥料。

12 盖盖，沿锅边倒入料酒，中火焗8分钟后关火闷5分钟。

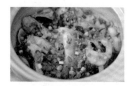

13 最后撒上葱花即可。

TIPS

1. 这道菜的口味是蒜香味，大蒜一定要放够；
2. 鱼肉比较容易熟，焗的时候火不能太大，时间也不能太久，否则容易煳锅；
3. 鲈鱼也可以切成片，更容易熟，吃起来也更方便。

春笋烧鱼

扫一扫 看视频

材料

鲈鱼1条·春笋200克·生姜20克·大蒜50克·干辣椒10克·花椒5克·小葱20克·生抽20克·料酒适量
黑胡椒碎适量·鸡精适量·盐适量·葱花适量

🧑‍🍳 步骤

1 鲈鱼治净，两面切花刀。

2 放入黑胡椒碎和盐。

3 倒入料酒，将鱼身、鱼腹抹匀腌制。

4 春笋去皮洗净，切块。

5 大蒜去皮，生姜切块。

6 锅中放入适量水和盐，大火煮开。

7 水开后放入春笋块，煮5分钟左右捞出。

8 热锅放入适量油烧热，再放入冲洗干净、擦干水分的鱼，小火煎5分钟左右翻面继续煎。

9 鱼煎好后放入姜块、大蒜、花椒和干辣椒。

10 煎出香味后放入适量水大火煮开。

11 放入春笋块和小葱。

12 放入生抽、鸡精和盐。

13 边煮边将汤汁浇到鱼身上。

14 汤汁收到差不多的时候拣去小葱，装盘，撒上葱花。

15 最后浇上八九成热的油即可。

TIPS

1. 这道菜是季节性的，一定要用新鲜的春笋，才能做出鲜嫩的口感；
2. 春笋需要焯水去掉苦涩味；
3. 鱼腌制的时间不用太长，10~30分钟即可；
4. 煎鱼前一定要擦干鱼身和鱼腹内的水分，防止煎的时候溅油。

平底锅烤鱼

材料

鲈鱼1条·藕400克·干张2张·洋葱半个·大葱段20克·生姜30克
大蒜50克·剁椒80克·豆瓣酱50克·料酒20克·生抽30克
蚝油20克·干辣椒适量·花椒适量·黑胡椒碎适量·鸡精适量
盐适量

步骤

1 鲈鱼治净，两面切花刀。

2 放入料酒、黑胡椒碎和盐抹匀，腌制一会儿。

3 干张洗净，切丝。

4 藕洗净，去皮，切片。

5 洋葱去外皮，切丝。

6 大蒜去皮，生姜切片。

7 腌制好的鱼冲洗干净，擦干水分。

8 锅热后放少量油烧热，放入鱼中小火慢煎，煎5分钟左右翻面继续煎，煎到两面焦黄时出锅。

9 热锅将姜片、大蒜、洋葱丝炒香，放入剁椒和豆瓣酱炒出红油。

10 加入适量水煮开。

11 放入料酒、生抽、蚝油、鸡精和盐调味。

12 放入藕片、葱段、干张丝和鱼。

13 放入干辣椒和花椒。

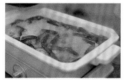

14 最后浇上八九成热的油即可。

扫一扫 看视频

TIPS

1. 腌制鱼的时候，鱼腹内也要抹上黑胡椒碎和盐；
2. 配菜可以选择自己喜欢的；
3. 吃完鱼，汤底可以继续烫菜；
4. 最好用不粘锅煎鱼，这样鱼皮不容易破；
5. 煎鱼的时候用中小火慢煎，注意翻面。

干烧鱼

扫一扫　看视频

材料

鲈鱼1条·五花肉100克·蒜薹80克·红辣椒1个·干香菇10克·老抽5克·生抽40克·料酒40克·姜片适量
大蒜适量·小葱适量·白胡椒粉适量·淀粉适量·盐适量

🍳 步骤

1 干香菇用温水泡发。

2 鲈鱼治净，两面切花刀。

3 放入姜片、小葱、白胡椒粉、盐和料酒拌匀，腌制10分钟以上。

4 五花肉洗净，去皮切丁。

5 蒜薹择洗干净，切丁。

6 红辣椒去蒂、子，切丁。

7 泡发的香菇切丁。

8 小葱洗净，切小段，大蒜切片，姜片切小块。

9 腌制好的鲈鱼擦干水分，均匀地裹上淀粉。

10 油温加热到七八成热，放入鲈鱼，炸到有点焦黄后捞出。

11 另起锅，倒入适量油烧热，炒香姜块、蒜片。

12 放入五花肉丁翻炒，不喜欢吃太肥的可以将肉炒得久一点。

13 五花肉炒至自己喜欢的程度后放入香菇丁和老抽翻炒均匀。

14 倒入适量开水。

15 放入炸好的鱼。

16 倒入料酒和生抽。

17 放入蒜薹丁和红辣椒丁，边煮边将汤汁反复浇到鱼身上收汁。

18 汤汁收干后装盘即可。

TIPS

1. 鲈鱼肉多刺少，也可以选其他喜欢的鱼；
2. 腌鱼的时候鱼身、鱼腹都要抹到腌料；
3. 鱼裹淀粉时不要太厚，鱼身和鱼腹有薄薄的一层就好；
4. 炸鱼的时候不要翻动鱼，保证鱼的完整，可以用勺子将油反复淋到鱼身上，让鱼均匀受热。

酸菜鱼

扫一扫 看视频

材料

鲈鱼1条·鸡蛋1个·酸菜300克·大蒜30克·生姜10克·猪油50克·料酒10克·干辣椒适量·花椒适量

淀粉适量·白胡椒粉适量·鸡精适量·盐适量

步骤

1 鲈鱼治净，切掉鱼头，刀刃贴着鱼骨将鱼肉片下来。

2 片掉鱼腹上带刺的部分。

3 鱼身斜刀片两三毫米厚的片，第一刀大约片到鱼皮的位置不要切断，第二刀再切断。

4 放入料酒、盐、鸡蛋清、淀粉抓匀。

5 上浆后腌制30分钟以上。

6 酸菜洗净，切断。

7 大蒜去皮不用切，生姜切片。

8 热锅放入猪油化开。

9 放入鱼骨，先不要急着翻炒，鱼肉煎到一面焦黄时再翻炒。

10 鱼肉多炒一会儿，炒到全部变焦黄后倒入大半锅水，大火煮开。

11 鱼汤烧到奶白色后放入白胡椒粉、鸡精和盐调味。

12 过滤鱼汤。

13 热锅放入比平时炒菜多一点的油烧热，炒香姜片和大蒜。

14 大蒜炒到焦黄的时候放入酸菜段翻炒。

15 倒入鱼汤再次煮开。

16 捞出酸菜段。

17 煮鱼汤的锅中小火放入鱼片。

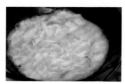

18 鱼片全部放完后转大火煮1分钟左右。

19 将鱼片和鱼汤倒入放有酸菜的大汤盆中。

20 放上花椒和干辣椒。

21 浇上七八成热的热油即可。

TIPS

1. 片鱼肉的时候，为了防止鱼身打滑不小心切到手，可以在案板上垫一块毛巾，这样鱼就不会动了；

2. 想要煮出奶白色的鱼汤，在鱼煎好加水煮的时候水一定要多放，中间不要加水，然后一直用大火煮，直到汤色变成奶白色；

3. 煮鱼片的时候，要小火一片一片地下，鱼片全部下完再用大火煮。如果一起下鱼片，容易粘到一起；

4. 最后淋油，判断油温的方法是，在烧油的时候锅里放一小块姜片，等姜片在油锅里出现大量气泡，并且开始微微冒烟的时候，说明油温达到了。

锡纸巴沙鱼

扫一扫 看视频

材料

巴沙鱼柳500克·长茄子1根·榨菜50克·大蒜1头·辣椒粉10克·花椒5克·蚝油20克·生抽20克
葱花适量

步骤

1 巴沙鱼柳洗净，先从中间对半切开，然后再切成块。

2 茄子洗净，切长条。

3 榨菜切末。

4 大蒜去皮，切末。

5 碗中放入蒜末、辣椒粉和花椒，再淋上七八成热的油拌匀。

6 锡纸盒里先放入茄子条打底（有茄子皮的一面放下面），再均匀地放上巴沙鱼块。

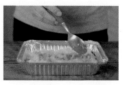

7 均匀地铺上榨菜末。

8 再浇上用蒜末、辣椒粉和花椒做的浇头。

9 倒入蚝油和生抽调味，再倒入适量水。

10 用锡纸抱住锡纸盒，然后在锡纸上划个口子。

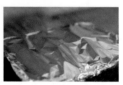

11 放导热盘上中火煮10分钟。

12 煮好揭开锡纸。

13 最后撒上葱花即可。

TIPS

1. 巴沙鱼要切得厚一点，不能太薄；
2. 没有导热盘，可以用平底锅代替；
3. 茄子也可以换成金针菇或其他配菜；
4. 巴沙鱼比较容易熟，不宜煮太久，用中小火即可，防止煳底。

金针菇蒸巴沙鱼

扫一扫 看视频

材料

巴沙鱼柳500克·金针菇100克·姜丝10克·小米辣椒10克·料酒10克·香油10克·蒸鱼豉油10克
葱花适量·黑胡椒碎适量·盐适量

步骤

1 巴沙鱼洗净，切块。

2 放入黑胡椒碎、盐、姜丝和料酒抓匀。

3 再放入香油抓匀。

4 金针菇去蒂洗净，小米辣椒切段。

5 金针菇打底，上面放鱼块和小米辣椒段。

6 蒸锅上汽后蒸10分钟。

7 蒸好后放入葱花和蒸鱼豉油。

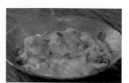

8 淋上热油即可。

TIPS

1. 巴沙鱼切太厚不容易入味，切太薄了又容易散掉，大小厚度要适中；
2. 蒸完巴沙鱼取出后要倒掉碗里的水；
3. 没有蒸箱，可以放锅里蒸，注意全程大火。

砂锅巴沙鱼

材料

巴沙鱼柳500克·土豆2个·青辣椒100克·红辣椒100克·芹菜200克·豆腐干100克·洋葱1个·生姜20克
大蒜40克·豆瓣酱50克·豆豉酱50克·泡椒30克·料酒10克·胡椒粉适量·鸡精适量·淀粉适量
熟白芝麻适量·盐适量

步骤

1 巴沙鱼柳洗净，从中间切断，然后切块。

2 鱼块放入胡椒粉、盐、料酒和淀粉抓匀腌制。

3 豆腐干切块。

4 芹菜择洗干净，切段。

5 洋葱去外皮，切片。

6 辣椒切段。

7 生姜切片，大蒜去皮。

8 土豆去皮，洗净，切块。

9 热锅放入少量油烧热，将土豆块和鱼块表面煎到焦黄。

10 热锅放油，将姜片、大蒜和泡椒炒香。

11 放入豆瓣酱炒出红油。

12 放入辣椒段、芹菜段和部分洋葱片翻炒均匀。

13 放入豆腐干块、土豆块和鱼块翻炒均匀。

14 最放入豆豉酱、鸡精和盐翻炒调味。

15 砂锅用洋葱片打底放入其他炒好的菜。

16 最后撒上熟白芝麻即可。

120　巧做硬核家常菜视频版

TIPS

1. 巴沙鱼的块要切大点儿，小了容易碎；
2. 腌制巴沙鱼时，淀粉要少放一点儿，多了影响口感；
3. 巴沙鱼比较容易熟，煎的时候先煎土豆，土豆快熟了再放巴沙鱼；
4. 配菜可以根据个人喜好选择。

昂刺鱼豆腐汤

扫一扫 看视频

材料

昂刺鱼3条 · 豆腐400克 · 生姜30克 · 猪油50克 · 葱花适量 · 料酒适量 · 胡椒粉适量 · 鸡精适量 · 盐适量

步骤

1 昂刺鱼治净，抹料酒腌制10分钟。

2 豆腐洗净，切块。

3 生姜切丝。

4 昂刺鱼腌制好后冲洗干净，用厨房纸擦干水分。

5 热锅放入猪油化开。

6 放入昂刺鱼小火慢煎2~3分钟，然后翻面继续煎2~3分钟。昂刺鱼的肉很嫩，翻面的时候要小心点。

7 昂刺鱼煎好后放入姜丝。

8 倒入适量水大火煮开，水可以一次多放点。

9 大火煮到汤成奶白色时转中火。

10 放入豆腐块。

11 最后放入胡椒粉、鸡精和盐调味。

12 出锅装盘，撒上葱花即可。

TIPS

1. 昂刺鱼的肉非常嫩，煎的时候一定要小心，不要弄碎了；
2. 猪油也可以换其他植物油代替，用猪油味道更香；
3. 水要一次加够，只能多不能少；
4. 煮汤的时候一定要大火，才能煮出奶白色。

咖喱虾

扫一扫　看视频

材料

虾500克·洋葱半个·大蒜40克·黄油30克·椰浆200克·咖喱30克·鱼露20克·香菜段适量·番茄酱适量
黑胡椒碎适量·盐适量

步骤

1 虾开背，去掉虾线，
冲洗干净。

2 放入黑胡椒碎和盐拌
匀，腌制10分钟以上。

3 洋葱去外皮，切片。

4 大蒜去皮，切末。

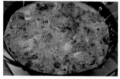

5 虾分2次炸，第一次
油温六七成热时放入炸
2~3分钟，盛出，等油
加热到九成热开始冒烟
时再放入炸30秒盛出。

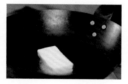

6 热锅放入黄油化开。

7 放入蒜末和洋葱片
炒香。

8 倒入椰浆。

9 再放入咖喱、鱼露和
盐调味。

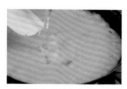

10 倒入适量水煮开制
成咖喱汁。

11 在炸好的虾上浇上
咖喱汁。

12 放上香菜段和番茄
酱即可。

TIPS

1. 虾最好用新鲜的大虾；

2. 炸虾前要把腌制过的虾冲洗干净，用厨房纸擦干水分；

3. 第一次炸虾的时候油温不能太高，主要是将虾炸熟。第二次炸虾油温要高，时间要短，主要是将虾炸脆；

4. 咖喱汁不能烧得太干，要注意加水；

5. 没有鱼露可以用生抽代替。

盐焗虾

扫一扫　看视频

材料

虾400克·番茄酱20克·料酒20克·蚝油20克·八角2粒·香叶4片·花椒10克·黑胡椒碎适量
粗盐适量·盐适量

步骤

1 剪掉虾须、虾尾。

2 虾背剪开抽出虾线，冲洗干净。

3 冲洗干净的虾放入料酒、黑胡椒碎、番茄酱、蚝油抓匀。

4 腌制10分钟以上。

5 从虾尾穿入竹扦。

6 锅中放入粗盐、八角、花椒、香叶炒热。

7 烤盘平铺一层炒好的粗盐，然后放上虾。

8 再铺上一层粗盐。

9 烤箱预热180℃，烤15分钟。

10 烤好取出烤盘。

11 取出虾，将虾壳上的盐抖掉即可。

TIPS

1. 虾最好选新鲜的大虾，一定要开背以便入味；
2. 虾可以不穿竹扦直接焗；
3. 盐一定要用粗盐；
4. 用过的粗盐可以烘干后继续使用；
5. 没有烤箱也可以将虾直接放铁锅里焗，注意不能用有涂层的不粘锅。

铁板虾

扫一扫　看视频

材料

虾300克·大蒜60克·生抽20克·蚝油20克·料酒10克·葱花适量·黑胡椒碎适量·盐适量

步骤

1 虾开背去虾线后冲洗干净。

2 大蒜去皮，切末。

3 虾中放入料酒、生抽、蚝油、黑胡椒碎、盐和蒜末抓匀。

4 虾放入铁板中再放上之前腌虾的蒜末和料汁。

5 倒入食用油。

6 烤箱预热200℃烤10分钟。

7 烤箱再预热230℃烤5分钟。

8 最后撒上葱花即可。

TIPS

1. 最好选新鲜的大虾；
2. 虾要开背才容易入味；
3. 喜欢吃辣的朋友可以再放点小米辣椒；
4. 烤箱的温度和烤制时间仅供参考，具体根据烤箱的特性和虾的数量做调整；
5. 也可以放燃气灶上加热，不过要盖锅盖，用中小火焖。

油爆虾

扫一扫　看视频

材料

虾300克·小葱50克·大蒜20克·生姜10克·蚝油15克·生抽45克·料酒10克·黑胡椒碎适量·盐适量

步骤

1 虾开背。

2 取出虾线后冲洗干净。

3 放入料酒、黑胡椒碎和盐拌匀，腌制10分钟以上。

4 生姜、大蒜分别切末。

5 小葱洗净，去葱须，切长段。

6 碗中放入蚝油、生抽和清水搅拌均匀制成料汁。

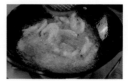

7 油温六七成热（放一片姜，周围出现大量气泡）的时候放入虾炸大约2分钟，捞出。

8 等油温升到九成热（油开始冒烟）放入虾复炸20秒。

9 另起锅，放入少量油爆香姜末、蒜末。

10 倒入调好的料汁。

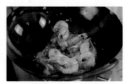

11 放入虾翻炒均匀。

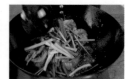

12 最后放入小葱段翻炒出锅即可。

TIPS

1. 选新鲜的虾，大虾、小虾都可以，用小河虾的话不用开背；
2. 分两次炸，第一次低温炸熟，第二次高温炸酥；
3. 炒姜、蒜和虾的时候都要用大火快炒。

虾仁滑蛋

材料

虾100克·鸡蛋4个·料酒10克·盐适量

步骤

1 虾开背，去虾线、虾壳，冲洗干净。

2 放入料酒和盐拌匀，腌制10分钟以上。

3 鸡蛋磕入碗中，放入适量盐打匀。

4 锅中倒入适量油烧热，将虾仁炒变色后盛出。

5 炒好的虾仁倒入蛋液中拌一下。

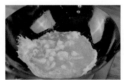

6 另起锅，放入比平时炒菜多一点的油烧热，中小火倒入蛋液，蛋液凝固后用勺子翻一下等凝固再翻，注意随时调整火候的大小。

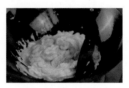

7 等蛋液凝固后关火出锅。

8 装盘即可。

TIPS

1. 最好选新鲜的大虾；
2. 第一次炒虾的时间不要太久，大火炒变色后就盛出；
3. 蛋液要嫩滑，火候和时间特别重要，蛋液凝固后就要立刻关火出锅。

油焖小龙虾

扫一扫　看视频

材料

小龙虾1000克·大葱1根·生姜1块·洋葱1个·八角1粒·桂皮1小块·香叶3片·干辣椒10克·孜然10克
花椒8克·啤酒1罐·生抽适量·盐适量

步骤

1 小龙虾全身刷洗一遍。买回来的小龙虾一般都比较脏，可以先把小龙虾放水里泡一会儿。

2 剪去龙虾后面的腿。

3 油温五六成热，放入小龙虾，炸1分多钟，变色后捞出。

4 大葱切段。

5 生姜切片。

6 洋葱去外皮，切片。

7 将八角、桂皮、花椒、孜然、香叶和干辣椒放水里泡一会儿，一方面可以清洗表面的污渍，另一方面炒的时候不容易炒焦。

8 锅中倒入多一点油烧热，放入葱段、姜片、洋葱片，小火慢炸，炸至焦黑的时候捞出。

9 放入泡过的香料炒香。

10 放入小龙虾翻炒均匀。

11 倒入1罐啤酒，根据自己的口味放入生抽、盐。

12 大火烧开后盖盖，小火焖20分钟。

13 最后大火收汁，不用收得太干，留点汤汁可以用来蘸虾吃。

TIPS

1. 我试过抽虾线的和不抽虾线的，最后煮出来，抽虾线的肉会松散一点，不抽的会比较紧致，我自己在家都不会抽掉虾线，虽然吃的时候麻烦一点，但是口感更好；
2. 口味重的朋友，可以在炒香料的步骤放一点火锅底料一起炒；
3. 买小龙虾的时候选比较有活力的。回家清洗的时候，如果发现有死了的小龙虾，就不能要了；
4. 清洗小龙虾的时候最好戴上手套，防止被夹到；
5. 香料用最方便买到的就好，缺几种也没事，量不要太多；
6. 剩下的汤汁可以用保鲜盒装起来，放冰箱，煮面或者炒饭的时候用，非常好吃。

辣炒鱿鱼

扫一扫 看视频

材料

鱿鱼300克·芹菜100克·洋葱半个·干辣椒段10克·姜片10克·料酒10克·辣酱10克·生抽10克
蚝油10克

步骤

1 鱿鱼去内脏，撕掉表面的膜。

2 处理干净的鱿鱼切段。

3 洋葱去外皮，切丝。

4 芹菜择洗干净，切段。

5 半锅水放入料酒和姜片，大火煮开。

6 水开后放鱿鱼段焯水1~2分钟。

7 热锅放入适量油烧热，再放入洋葱丝炒香。

8 洋葱炒香后放入鱿鱼段翻炒均匀。

9 放入辣酱、生抽和蚝油翻炒均匀。

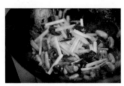

10 最后放入芹菜段和干辣椒段翻炒几下出锅即可。

TIPS

1. 鱿鱼去内脏后，可以放在50℃左右的温水中撕膜，这样比较方便；
2. 鱿鱼焯水要等水开后下锅，不能冷水下锅；
3. 鱿鱼炒制的时间不要太长，大火翻炒片刻就好；
4. 这里用的是韩式辣酱，也可以换成其他辣酱。

清新素菜

木耳腐竹拍黄瓜

扫一扫 看视频

材料

黄瓜1根·干木耳10克·干腐竹50克·花生米30克·小米辣椒10克·大蒜20克·生抽20克·蒸鱼豉油15克
醋20克·香油适量·辣椒油适量·白糖适量·盐适量

步骤

1 干木耳用冷水泡发。

2 干腐竹剪长段，冷水泡发。

3 黄瓜洗净，拍扁后切段。

4 大蒜切末，小米辣椒切段。

5 准备半锅水大火煮开，放入泡好的木耳和腐竹段煮3分钟，捞出。

6 用大一点的碗放入黄瓜段、木耳、腐竹段、花生米、蒜末和小米辣椒段。

7 再放入生抽、蒸鱼豉油、醋、香油、辣椒油、白糖和盐。

8 搅拌均匀，吃之前可以放冰箱冷藏一会儿，味道更好。

> **TIPS**
> 1. 木耳用冷水或者温水泡都可以，不过泡的时间不要太久，泡软就可以了；
> 2. 腐竹要用冷水泡，用热水容易泡得太软，没口感；
> 3. 不能吃辣的朋友可以不放小米辣椒；
> 4. 具体的调味可以根据个人口味做调整。

盐水毛豆

扫一扫　看视频

材料

毛豆500克·大蒜50克·八角1粒·香叶2片
干辣椒10克·盐适量·生抽20克·蒸鱼豉油20克
醋20克·香油10克

TIPS

1. 毛豆的蒂一定要剪掉，才易入味；
2. 盐要多放一点儿，煮毛豆的水尝起来要偏咸；
3. 水开后再放毛豆，不要盖盖，否则毛豆会变黄；
4. 煮好后过冷水是为了让毛豆更翠绿。

步骤

1 毛豆洗净，剪掉两边的蒂，方便入味。

2 准备半锅水，放入八角、香叶、干辣椒和盐大火煮开。

3 水开后放入毛豆煮10分钟。

4 煮好后捞出毛豆。

5 煮好的毛豆过冷水。

6 大蒜去皮，切末。

7 放凉的毛豆放入大蒜末、生抽、蒸鱼豉油、醋、香油和盐。

8 拌匀后放冰箱冷藏2小时以上。

9 入味后装盘即可。

粉丝蒸娃娃菜

扫一扫　看视频

🍲 材料

粉丝100克·娃娃菜2棵·大蒜30克·小米辣椒10克

蚝油10克·生抽20克·蒸鱼豉油20克·葱花适量

白糖适量·盐适量

TIPS

1. 粉丝要用冷水泡；
2. 娃娃菜喜欢吃偏硬口感的，不用焯水直接摆
   盘蒸；
3. 没有蒸箱，可以放锅里蒸，注意全程大火。

👨‍🍳 步骤

1 粉丝用冷水泡发。

2 娃娃菜洗净，每棵切成4份。

3 小米辣椒切小段，大蒜切末。

4 大半锅水放入适量盐和油大火煮开。

5 水开后放入娃娃菜煮软后捞出。

6 热锅放少量油烧热，放辣椒段、蒜末炒香。

7 倒入生抽、蚝油、盐、白糖翻炒均匀调味。

8 娃娃菜打底，放上粉丝和炒好的蒜末。

9 蒸锅上汽后蒸10分钟。

10 蒸好后将粉丝拌匀，放入蒸鱼豉油和葱花。

11 淋上热油即可。

皮蛋手撕茄子

扫一扫 看视频

材料

茄子200克·皮蛋1个·香菜1根·小米辣椒2根·青辣椒1根·大蒜20克·熟花生米10克·生抽30克
醋10克·白糖适量·盐适量

步骤

1 茄子洗净，去蒂，切
长段。

2 放入锅中大火蒸10分钟。

3 香菜洗净，切段。

4 小米辣椒切段。

5 青辣椒切段。

6 大蒜切末。

7 切好的配菜放入碗中
浇六七成热的油。

8 放入生抽、醋、白糖
和盐拌匀制成酱汁。

9 熟花生米碾碎。

10 皮蛋去壳，切块。

11 茄子蒸好后取出，
放凉后撕成条。

12 碗中放入茄条和皮
蛋块。

13 浇上调好的酱汁。

14 放上花生碎即可。

TIPS

1. 调好的酱汁也可以做其他凉拌菜；
2. 茄子要等放凉了再撕，小心烫手；
3. 浇完酱汁后放一会儿再吃，更入味。

糖醋家常豆腐

扫一扫　看视频

材料

老豆腐500克·青椒50克·红辣椒50克·干木耳5克·生抽20克·醋30克·白糖30克·水淀粉适量

步骤

1　干木耳冷水泡发。

2　红辣椒洗净切片，青椒洗净切片。

3　豆腐洗净，切片后再切成三角形。

4　将2份生抽、3份醋和3份白糖调成糖醋汁（配比可以根据自己的口味做调整）。

5　油温加热到六七成热时放入豆腐块，炸到表面金黄变脆后捞出。

6　锅中放入适量油烧热，放入辣椒片翻炒。

7　放入泡发的木耳翻炒。

8　放入炸过的豆腐块翻炒。

9　倒入调好的糖醋汁翻炒均匀。

10　倒入水淀粉勾芡。

11　翻炒均匀后出锅即可。

TIPS

1. 糖醋汁的配比可以根据自己的口味做调整，喜欢偏咸的可以再加点盐；
2. 水淀粉是用淀粉加水后搅拌均匀的液体，选什么样的淀粉都可以，用量不宜太多。

虎皮尖椒

扫一扫　看视频

材料

尖椒200克 · 大蒜20克 · 生抽20克 · 醋20克

步骤

1 尖椒去子后冲洗干净，切长段。

2 大蒜切末。

3 生抽、醋调制成料汁。

4 热锅放油烧热，然后放入尖椒段。

5 尖椒小火煎到起皮后翻面继续煎到另外一面也起皮，注意不要煎煳了。

6 尖椒煎好后放入蒜末和调制的料汁，翻炒均匀即可。

TIPS

1. 尖椒最好选皮薄的；
2. 味汁的配比可以根据自己的口味做调整，喜欢偏咸的可以再加点盐；
3. 煎尖椒的时候用小火，注意观察，多翻面，不要煎煳了。

能量主食、汤羹

韩式拌饭

扫一扫　看视频

材料

肥牛卷100克·鸡蛋1个·胡萝卜50克·菠菜50克
绿豆芽50克·鲜香菇30克·米饭150克
韩式辣酱30克·生抽30克·白芝麻5克·盐适量

TIPS

1. 韩式辣酱是最重要的，一定要有。一般超市都能买到，或者在网上买；
2. 韩式辣酱和生抽都有咸味，就不用放盐了；
3. 辣酱要调稀一点儿，喜欢甜味可以放点儿白糖；
4. 配菜可以根据个人的喜好选择，从营养的角度来说，菠菜先焯再切更好。

步骤

1 取一个小碗，放入韩式辣酱。

2 再放入生抽和20克凉白开。

3 放入白芝麻拌匀制成酱汁。

4 胡萝卜洗净，去皮，切丝。

5 香菇洗净，去蒂，切片。

6 菠菜洗净，切段。

7 锅中倒入水大火烧开，加入适量盐和油。

8 分别焯绿豆芽、胡萝卜丝、香菇片、菠菜段和肥牛卷。焯水的顺序按从浅色到深色，最后换一锅水焯肥牛卷。

9 平底锅放少量油烧热，煎1个鸡蛋。

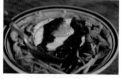

10 在米饭上铺上所有配菜，再浇上酱汁，拌匀即可。

排骨焖饭

扫一扫 看视频

材料

排骨300克·胡萝卜1根·玉米粒50克·姜片10克
料酒10克·生抽20克·老抽5克·五香粉适量
盐适量

TIPS

玉米粒可以在超市买杂蔬包，里面有玉米粒、豌豆和胡萝卜丁。

步骤

1 排骨洗净，剁块。

2 胡萝卜削皮洗净，切丁。

3 准备半锅水，放入料酒、姜片和排骨块大火煮开焯水。

4 水开后煮5分钟左右，捞出排骨。

5 排骨用温水冲洗干净，放入五香粉、盐、老抽和生抽拌匀。

6 电饭锅放入和平时煮饭一样量的米和水，加入排骨和腌制排骨的酱汁拌一下。

7 放入胡萝卜丁和玉米粒。

8 用煮饭模式，喜欢吃锅巴的，可以熟了后再用一次煮饭模式。

9 煮好后拌一下。

10 出锅前尝下味道，如果觉得味道太淡，再放点盐拌匀即可。

咖喱牛腩盖蛋饭

扫一扫　看视频

材料

牛腩200克·米饭200克·洋葱半个·鸡蛋3个·生姜10克·咖喱50克·黑胡椒汁30克·老抽5克·生抽30克
料酒20克

步骤

1 牛腩洗净，切块。

2 洋葱去外皮，切丝。

3 生姜切片。

4 鸡蛋打散。

5 牛腩块冷水下锅，大火煮开。

6 煮开后撇掉浮沫。

7 煮到没有多少新浮沫出现后捞出牛腩。

8 锅中放入适量的油烧热，炒香姜片和洋葱丝。

9 炒香后放入牛腩块翻炒均匀。

10 倒入料酒翻炒去腥。

11 放入老抽、生抽翻炒上色。

12 加入适量开水没过牛腩。

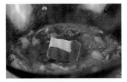

13 放入咖喱和黑胡椒汁翻炒均匀。

14 盖盖，小火煮1小时。

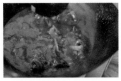

15 煮好后大火收汁到汤汁浓稠。

16 不粘锅倒入适量油烧热后倒入蛋液。

17 蛋液开始凝固后用筷子将蛋皮向锅中心拨动，等蛋液凝固到90%以上后关火，用余温将剩下的蛋液煎熟。

18 将蛋皮盖在米饭上。

19 浇上咖喱牛腩即可。

TIPS

1. 可以根据个人的口味放土豆、胡萝卜做配菜；
2. 煮牛腩的水要一次多放点儿，中途不要加水；
3. 汤汁不能收得太干，比较浓稠就好；
4. 煎鸡蛋的时候一定要注意火候，不要煎得太老。

葱油饼

扫一扫　看视频

材料

面团·面粉250克

油酥·面粉40克·小葱50克·猪油20克·粗盐适量

步骤

1 在250克面粉中加入140克热水，用筷子搅成絮状。

2 不烫手的时候揉成面团，然后醒40分钟。

3 小葱洗净，切小段。

4 40克面粉中放入猪油、盐、小葱段，再浇上八九成热的油，搅拌匀做成葱油酥。

5 醒好的面团搓成长条，再切成大小均匀的面剂子。

6 面剂子擀成牛舌形，再抹上葱油酥。

7 卷成长条后轻轻地拉抻。

8 从两头向中间卷起。

9 两边卷到一起后叠加，然后用手掌按平。

10 锅中放入适量油烧热，中火放入饼坯煎。

11 煎到一面金黄后翻面继续煎。

12 两面都煎到金黄后盛出沥油即可。

TIPS

1. 面粉可以选中筋面粉；
2. 要用开水烫面，面团失去筋后会非常柔软；
3. 煎饼的时候油要多点儿，用中小火慢煎，注意观察翻面，不要煎煳了。

肉夹馍

扫一扫　看视频

材料

猪肘子1个・红辣椒150克・青辣椒150克・姜片40克・大蒜120克・小葱20克・八角1粒・香叶3片・干辣椒10克・花椒5克・料酒20克・生抽30克・老抽10克・蚝油20克・玫瑰腐乳2块・鸡精适量・盐适量

面饼・面粉300克・酵母粉4克・盐3克

👨‍🍳 步骤

1 先将猪肘子表面的猪毛烧掉。

2 然后改刀。

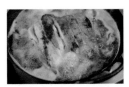

3 改刀后的猪肘子冷水下锅，大火煮开焯水，捞出冲洗干净。

4 另起锅，放入大半锅水和猪肘子，加小葱、姜片、大蒜（一半）、料酒、生抽、老抽、蚝油、玫瑰腐乳、八角、香叶、干辣椒、花椒、鸡精和盐大火煮开，转小火盖盖煮2小时。

5 辣椒切小片。

6 剩下的大蒜切片。

7 辣椒片、蒜片中放入适量盐拌匀腌制。

8 面粉中放入酵母粉、盐和10克油。

9 一边加入温水一边搅拌揉搓成面团。

10 面团揉到不粘手的时候盖盖醒面1小时。

11 面团醒好揉搓排气，分成大小均匀的剂子。

12 将面剂搓成长条，压扁卷起来。

13 卷好的面剂用掌心按扁，再擀成面饼。

14 放入面饼小火烙5分钟左右，再翻面继续烙约5分钟。

15 煮好的猪肘子捞出切块。

16 烙好的饼从中间切开，放入切块的猪肘子。

17 根据自己的口味放入腌制的辣椒蒜片，再浇上肉汤即可。

TIPS

1. 猪肘子去毛时可以直接放在燃气灶上烧，改刀前将烧黑的部分刮掉；
2. 面粉选中筋面粉；
3. 烙饼的时候不要放油，中小火慢烙，注意翻面；
4. 吃不完的饼可以放冰箱冷冻保存，吃的时候锅里煎一下就行。

能量主食、汤羹　159

又卷烧饼

材料

面粉500克·猪肉300克·姜末10克·蒜蓉20克·豆瓣酱30克·料酒10克·酵母粉5克·葱花适量
孜然粉适量·辣椒粉适量·胡椒粉适量·鸡精适量·白芝麻适量·盐适量

步骤

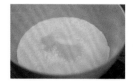

1 面粉中放入酵母粉和盐。

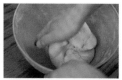

2 一边加温水一边搅拌，面粉成絮状的时候揉成面团。

3 盖上保鲜膜醒1小时。

4 猪肉洗净，去皮剁成肉末。

5 剁好的肉末放入豆瓣酱、料酒、鸡精、盐、孜然粉、胡椒粉、辣椒粉、姜末和蒜蓉拌匀。

6 醒好的面团搓成条再等分成面剂子。

7 分好的面剂子擀薄，然后抹一层肉末再卷起来搓圆。

8 搓圆的面团按扁擀薄。

9 刷上豆瓣酱。

10 均匀地铺上肉末。

11 撒上白芝麻和葱花。

12 烤箱上下火230℃烤15分钟即可。

TIPS

1. 面粉用中筋面粉；
2. 剁肉馅的肉要选肥瘦相间的，一定要去掉肉皮；
3. 包肉馅的时候，肉馅的量不要太多；
4. 面饼擀薄点儿，不能太厚。

牛腩面

扫一扫　看视频

材料

卤牛腩·牛腩500克·水煮鸡蛋2个·豆腐干200克·八角1粒·香叶3片·花椒5克·干辣椒10克·姜片20克

大蒜40克·小葱20克·豆瓣酱20克·老抽10克·生抽40克·蚝油30克·料酒20克·鸡精适量·盐适量

葱花适量

手工面·面粉200克·鸡蛋2个·食用碱4克·盐适量

步骤

1 牛腩洗净，切大块。

2 热锅放入少量油烧热，放入牛腩块煸炒。

3 牛腩块煸出水分后倒入料酒翻炒。

4 放入姜片、大蒜、八角、香叶、花椒和干辣椒炒香。

5 放入豆瓣酱翻炒均匀。

6 加入适量水大火煮开。

7 放入去壳的水煮蛋、豆腐干和小葱。

8 放入老抽、生抽、蚝油、鸡精和盐调味，小火煮2小时。

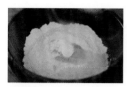

9 面粉中放入鸡蛋、食用碱和盐。

10 边加水边和面。

11 面粉揉到不粘手的时候醒20分钟左右。

12 醒好后分成大小均匀的面剂子。

13 将面剂子搓成长条，放入面条机中。

14 安装好面条机。

15 牛腩炖好后夹出小葱、姜片等调料。

16 准备半锅水，放入少量盐，大火煮开后用面条机压入面条。

17 煮的时候用筷子将面条拨散，防止粘连。

18 面条煮好捞出。

19 放入牛腩、鸡蛋、豆腐干和汤汁。

20 最后撒上葱花即可。

TIPS

1. 牛腩切大块，要想拥有软烂口感，煮的时间一定要够。用高压锅煮制，上汽后再煮40~50分钟；
2. 面粉选高筋面粉；
3. 加了食用碱的面条更筋道；
4. 没有压面机，可以把面团擀平切条；
5. 放入面条里的汤汁用卤牛腩的汤汁对水即可。

冷面

🍲 **材料**

荞麦面200克·牛肉200克·鸡蛋1个·番茄50克·黄瓜50克·胡萝卜50克·洋葱50克·泡菜20克·姜片10克

大葱10克·花椒5克·八角1粒·料酒10克·生抽10克·白醋10克·雪碧50克·白糖5克·盐适量

164　巧做硬核家常菜视频版

🍳 **步骤**

1 牛肉洗净，冷水下锅，大火烧开。

2 生姜切片，泡菜切丝。

3 洋葱去外皮，切丝。

4 大葱切段。

5 水开后，牛肉继续煮约3分钟，捞出冲洗干净。

6 另起锅，放入牛肉、鸡蛋、洋葱丝、姜片、葱段、大蒜、花椒、八角、料酒、生抽和盐。

7 小火煮50分钟。

8 黄瓜洗净，切丝。

9 胡萝卜去皮，洗净，切丝。

10 番茄洗净，切片。

11 牛肉和鸡蛋煮好后夹出，牛肉切片，鸡蛋一切两半。

12 过滤汤底。

13 碗中放入白醋、雪碧、白糖、盐调匀，再倒入汤底。

14 水烧开后放入荞麦面，煮3分钟左右。

15 面条煮好后过冷水。

16 捞出沥水。

17 调好的汤底加入过滤后的卤牛肉的汤和冰块。

18 放入荞麦面和配菜即可。

TIPS

1. 牛肉要选没有筋膜、肉质比较嫩的部位，如牛里脊；
2. 卤好的牛肉切的时候要逆着肉的纹理方向切，将纹理切断，吃的时候比较好嚼；
3. 配菜可以根据个人的喜好选择；
4. 荞麦面也可以用其他面条代替。

凉皮

扫一扫 看视频

材料

面粉500克·黄瓜150克·绿豆芽100克·大蒜5瓣·姜片10克·小葱10克·花椒2克·八角1粒·香叶3片
生抽30克·醋10克·油泼辣子适量·酵母粉适量·鸡精适量·白糖适量·盐适量

步骤

1 在面粉中加入小半勺盐。

2 一边加水一边将面搅拌成絮状,注意水不要一次性全加进去。

3 面团揉到比较紧实后,盖盖醒面30分钟。

4 中途可以再揉面一两次。

5 醒好的面团中加入适量水,然后反复搓洗面团。

6 搓面的水看上去像淘米水的时候倒入另一个干净的容器中,静置3~4小时。

7 要反复地搓洗面团,直到水清澈,剩下的就是面筋。

8 面筋中放入少量酵母粉,蒸出的面筋比较蓬松。

9 水开后放入面筋，大火蒸20分钟。

10 蒸好后，取出面筋，自然放凉。

11 放凉后将面筋切小块。

12 准备小半锅水，放入姜片、大蒜、小葱、八角、花椒、香叶、生抽、白糖、鸡精和盐。

13 大火烧开后自然放凉制成蘸水。

14 静置过的面粉水会出现分层。

15 倒掉上面的水。

16 沉淀的面粉凝固在一起，搅拌成面糊状。

17 搓洗面团的时候可能有小的颗粒，需要过一次筛。

18 托盘中均匀地抹上一层油。

19 倒入面糊，量不要太多，刚好能均匀地铺满托盘最佳。面糊放多了做出来的凉皮会比较厚。

20 放入开水中，盖盖大火蒸2~3分钟。

21 面皮蒸到透明起泡时取出。

22 放冷水盆中降温。

23 放凉后取出面皮。

24 面皮和面皮之间刷一层油，防止粘连。

25 面皮卷起来切段。

26 黄瓜洗净，切丝。在面皮中放入面筋、黄瓜丝和绿豆芽（需要焯水）。

27 根据自己的口味倒入做好的蘸水、醋和油泼辣子。

28 拌匀即可。

TIPS

1. 面粉选通用面粉就好了；
2. 500克面粉能做3~4份，吃多少切多少，剩下的面皮和面筋可以放冰箱保存，随吃随取；
3. 面筋一定要洗到水清澈；
4. 蒸面皮的时候，面糊不要太厚，太厚吃起来不筋道。

酸辣凉粉

扫一扫 看视频

材料

豌豆粉100克·大蒜20克·小米辣椒10克·生抽20克·蒸鱼豉油10克·醋10克·辣椒油适量·盐适量

步骤

1 豌豆粉中倒入200克清水。

2 拌匀制成豌豆粉浆。

3 准备半锅水，放入适量盐。

4 加热到出现小气泡的时候转小火，然后一边加入豌豆粉浆一边搅拌。

5 搅拌到变乳白色黏稠状态时关火。

6 装入容器，放冰箱冷藏2小时以上制成凉粉。

7 小米辣椒和大蒜切碎，淋上七八成热的油。

8 再放入生抽、蒸鱼豉油和醋拌匀制成料汁。

9 取出冷藏好的凉粉切片装盘。

10 最后浇上调好的料汁和辣椒油即可。

TIPS

1. 水和豌豆粉的比例可以根据个人喜好做调整，喜欢偏硬口感的水少放一点，喜欢嫩嫩口感的水多放点；
2. 水和粉混合的时候一定要拌匀，不能有颗粒，下锅前也要拌匀，不能有沉淀；
3. 热水中倒入豌豆粉浆的时候要用小火，全程不停地搅拌，注意根据锅中变化及时关火；
4. 料汁根据自己的口味可做调整。

牛肉肠粉

扫一扫 看视频

材料

牛肉100克·鸡蛋1个·大米300克·小麦淀粉50克·蒜末30克·生抽30克·蚝油20克·料酒10克
黑胡椒碎适量·水淀粉适量·鸡精适量·盐适量

1 牛肉洗净，剁成肉末。

2 放入料酒、油、黑胡椒碎和盐拌匀腌制。

3 泡一夜的大米放入500克水，用破壁机打成米浆（也可以买黏米粉）。

4 打好的米浆倒入碗中。

5 米浆中放入小麦淀粉、油和盐。

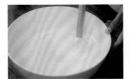

6 搅拌均匀。

7 热锅放入少量油将蒜末炒香。

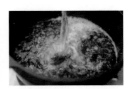

8 炒香后放入小半锅水，大火煮开。

9 放入生抽、蚝油、鸡精和盐调味。

10 放入水淀粉搅拌均匀制成酱汁，关火备用。

11 托盘刷一层薄薄的油。

12 米浆搅匀，舀一勺放入托盘，晃动托盘让米浆均匀铺在其上。

13 倒入蛋液搅拌均匀。

14 再放入牛肉末搅拌均匀。

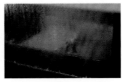

15 放入蒸箱蒸2分钟。

16 取出托盘刮出肠粉。

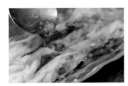

17 最后浇上煮好的酱汁即可。

TIPS

1. 没有破壁机可以直接买黏米粉和澄粉；
2. 粉和水的比例根据个人喜好调整，做出的肠粉太黏就多加粉，太硬就多加水；
3. 托盘上刷油时一定要薄，油多了粉浆会到处流动，肠粉蒸出来不均匀；
4. 米浆倒入托盘时，米浆多了的话倒回碗中，米浆太多的话，做出来的肠粉会太厚，口感不好；
5. 没有蒸箱可以直接用锅蒸，一定要全程大火，这样肠粉才熟得快而且嫩滑；
6. 当肠粉出气泡后说明熟了，等10秒左右就可以出锅了。

砂锅肥肠粉

扫一扫 看视频

材料

肥肠400克·土豆粉200克·干张1张·油豆腐6块·干木耳10克·香菜10克·榨菜适量·熟花生米适量
姜片10克·大蒜20克·剁椒50克·葱段10克·花椒3克·干辣椒10克·香叶3片·八角1粒·生抽适量
老抽适量·醋10克·啤酒1罐·盐适量·辣椒油10克

步骤

1 先将肥肠洗净，切段。

2 将生姜、大蒜和剁椒炒香。剁椒是灵魂，一定要放。

3 放入肥肠段翻炒几下。

4 倒生抽、老抽和啤酒。生抽的量可以多放点，主要是为了增鲜，啤酒是为了去腥、增香和软化肥肠，让肥肠吃起来的口感更软烂。

5 再放入花椒、香叶、八角、干辣椒和葱段，量都不要多，一点点就好。

6 烧开后，转小火煮1小时。

7 煮肥肠时，准备一下配菜。将千张切丝。

8 油豆腐对半切开，这样更容易入味。

9 干木耳泡发后切丝。

10 肥肠煮好后尝一下味道，因为剁椒比较咸，可以不放盐。

11 砂锅中放入大半锅水，加入盐和鸡精。

12 再放入醋、生抽和油辣椒。

13 然后放入香菜根，大火烧开。

14 煮开后尝一下味道。

15 然后放入土豆粉。

16 放入配菜。

17 放入一勺带卤汤的肥肠。

18 最后放入一点榨菜、熟花生米和香菜叶即可。

TIPS

1. 肥肠可以到超市买清洗好的半成品，冲洗一下就能用，比较方便；
2. 干木耳泡软就好，不要泡太久，容易滋生细菌；
3. 配菜可以根据个人的喜好选；
4. 土豆粉可以换成面条、米粉等。

酸辣土豆粉

扫一扫 看视频

材料

土豆粉200克·猪里脊100克·辣椒40克·干木耳10克·兰花干（一种豆制品）一块·榨菜半包·大蒜20克
生姜10克·香菜10克·料酒40克·生抽40克·老抽5克·醋10克·熟花生米适量·红油适量·鸡精适量
盐适量

步骤

1 干木耳冷水泡发。

2 猪里脊洗净，切丝。

3 生姜切末。

4 大蒜切末。

5 香菜洗净，切段。

6 辣椒切段。

7 兰花干切方块。

8 泡好的木耳切丝。

9 热锅放入适量油烧热,然后放入姜末、蒜末和香菜段炒香。

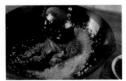
10 闻到香味后放入肉丝炒至变色。

11 肉丝变色后放入料酒、老抽翻炒去腥和上色。

12 放入榨菜翻炒均匀。

13 放入木耳丝和辣椒段翻炒均匀。

14 倒入生抽翻炒调味制成浇头。

15 锅中倒入大半锅水和适量的盐大火煮开。

16 碗中放入适量鸡精和盐。

17 再放入醋和生抽。

18 水开后放入兰花干块。

19 再放入土豆粉煮2~3分钟。

20 将土豆粉、兰花干块和汤汁一起倒入加了调料的碗中。

21 放入肉丝浇头和熟花生米。

22 放入香菜段和红油即可。

TIPS

1. 这个方子也可以做面条或者粉;
2. 木耳泡发时间不要太久,容易滋生细菌;
3. 酸辣的程度根据个人口味做调整。

宁国粑粑

扫一扫 看视频

材料

面粉1千克·猪肉400克·豆腐干100克·豇豆100克·竹笋100克·小葱50克·生抽40克·蚝油20克
料酒10克·黑胡椒碎适量·鸡精适量·盐适量

👨‍🍳 **步骤**

1 面粉中放入6克盐，然后一边加开水一边用筷子将面粉搅拌成絮状。

2 将面粉揉成面团。

3 加入50克油，揉入面团中。

4 包上保鲜膜醒2小时。

5 猪肉洗净，去皮切末。

6 肉末中放入料酒、生抽、黑胡椒碎和盐，拌匀腌制。

7 豆腐干切丁。

8 豇豆择洗干净，切丁。

9 竹笋去皮洗净，切丁。

10 小葱洗净，切末。

11 热锅放入适量油烧热，放入豆腐干丁、豇豆丁、竹笋丁炒至半熟后，放入生抽、蚝油、鸡精和盐调味，继续翻炒均匀。

12 炒好后装盘备用。

13 面团醒好后，分成均匀的面剂子。

14 面剂子搓圆、擀平，包入炒好的蔬菜馅、肉末和葱末，然后捏紧收口。

15 包好的面团轻轻按成面饼。

16 锅中放入适量油烧至五六成热，放入面饼小火慢煎。

17 面饼煎到一面金黄后，翻面继续煎另一面。

18 两面都煎到金黄后夹出沥油即可。

> **TIPS**
>
> 1. 面粉可以选普通的中筋面粉；
> 2. 要用开水烫面，面团失去筋后会非常柔软；
> 2. 猪肉要选肥瘦相间的，最好肥瘦的比例在4：6左右；
> 4. 馅料可以根据个人的口味做调整；
> 5. 煎面饼的时候油要多放一点儿。

冷锅串串

材料

牛肉·牛肉丸·蟹排·包心鱼卷·鱼豆腐·午餐肉·素鸡·干张·金针菇·土豆·莴笋·藕（以上食材分量根据个人喜好确定）·熟白芝麻适量·蒜末20克·姜末20克·葱末30克·豆瓣酱15克·蚝油10克·生抽30克·醋10克·红油30克·花椒油10克·香油10克·白糖适量·盐适量

步骤

1 将竹扦在水里煮沸后捞出沥水。需去皮、清洗的食材收拾干净。

2 先将牛肉、莴笋、午餐肉、藕、土豆、素鸡切成适合穿起的形状，注意土豆、藕、莴笋切好后要泡在水里。

3 干张切一指宽左右的片，然后卷入金针菇。

4 将准备好的食材全部穿好。

4-2

4-3

4-4

4-5

4-6

4-7

5 穿好的土豆、藕、莴笋依然需要泡在水里。

6 热锅放入适量油烧热，炒香葱末、姜末、蒜末。

7 放入豆瓣酱炒出红油。

8 加入适量水烧开。

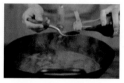

9 放入蚝油、生抽、醋、白糖和盐调味。

10 过滤汤汁。

11 放入红油、花椒油、香油和熟白芝麻制成料汁。

12 大半锅水中放入适量盐，大火煮开。

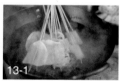
13-1   13-2

13 水开后先烫素菜再烫荤菜。

14 烫好的菜放在步骤11的料汁里浸泡蘸食即可。

TIPS

1. 食材可以根据个人的喜好选择；
2. 藕、土豆都要切薄片，切厚了穿串容易折断；
3. 汤底也可以直接用火锅底料煮；
4. 烫好的串放在汤里泡一段时间更入味。

鲜肉月饼

扫一扫 看视频

材料

水油皮·中筋面粉150克·白糖适量

油酥·低筋面粉100克·猪油50克

肉馅·五花肉400克·料酒10克·生抽10克·老抽10克·姜末适量·白糖适量·黑胡椒粉适量·鸡精适量
盐适量·蛋黄液适量·黑芝麻适量

步骤

1 中筋面粉中放入50克食用油、70克水和白糖，然后用刮刀拌匀。

2 将面团搓到不粘手。

3 用保鲜膜将面团包起来醒1小时以上，制作成水油皮。

4 低筋面粉放入化开的猪油。

5 用刮刀拌匀。

6 盖上保鲜膜制作油酥。

7 五花肉洗净，去皮。

8 剁成肉末。

9 肉末中放入料酒、生抽、老抽、黑胡椒粉、白糖、鸡精、盐和姜末拌匀，即为肉馅。

10 醒好的水油皮面团取出揉搓光滑，再用手掌按扁。

11 用擀面杖将面团擀成1~2毫米厚的薄片。

12 在面皮的中间均匀地抹上油酥。

13 将面皮向中间有油酥的地方折叠起来。

14 再擀成薄片。

15 擀薄后卷起来。

16 切成大小30克一个的面剂子。

17 面剂子搓圆，盖上保鲜膜醒30分钟。

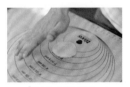

18 面剂子醒好取出，用手掌按扁。

19 然后擀成中间厚两边薄的面片。

20 包入肉馅，用一手虎口包住面皮，另一手大拇指向下按压肉馅。

21 一手托住面皮边旋转边用大拇指按压肉馅，另一手收口。

22 收口后捏出一个尖尖揪掉。

23 再用手掌按扁。

24 烤箱上下火加热180℃烤30分钟。

25 烤好取出，刷上蛋黄液，再撒上黑芝麻。

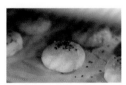

26 最后烤箱上下火加热180℃烤5分钟即可。

TIPS

1. 五花肉要选肥瘦比例大约在4：6的，一定要去皮后剁成末；
2. 水油皮的醒发时间可以久一点儿，这样延展性比较好，擀卷时不容易破酥；
3. 烤箱的温控、大小不同，烤的温度和时间仅供参考，第一次做的时候需要在烤箱旁边观察；
4. 烤好的月饼最好现吃，比较酥脆，放久了吸潮就不酥了，吃之前可以放烤箱再稍微烘烤一会儿。

酸辣汤

扫一扫　看视频

材料

千张200克·鲜海带100克·金针菇100克·火腿100克·内酯豆腐1盒·鸡蛋1个·番茄1个·生抽30克
醋30克·水淀粉适量·白胡椒粉适量·鸡精适量·红油适量·葱花适量·盐适量

步骤

1 千张切丝。

2 海带洗净，切丝。

3 金针菇去老根，洗净
切丝。

4 火腿切丝。

5 内酯豆腐打开。

6 鸡蛋打匀。

7 番茄洗净，去皮切丁。

8 热锅放入适量油烧
热，先翻炒番茄丁。

9 倒入大半锅水，大火
煮开。

10 放入千张丝、海带
丝、火腿丝和金针菇。

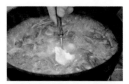

11 水开后用勺舀出豆
腐，再淋入蛋液，倒蛋
液的时候边倒边搅拌。

12 根据个人口味倒入
生抽和醋。

13 再放入白胡椒粉、
鸡精和盐调味。

14 淋入水淀粉搅拌。

15 最后放红油和葱花
即可。

美味甜品、烘焙

古早蛋糕

扫一扫　看视频

材料

低筋面粉80克·鸡蛋5个·牛奶50克·绵白糖75克·柠檬汁适量

步骤

1 将鸡蛋的蛋清和蛋黄分开。

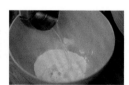

2 面粉中放入80℃热油。

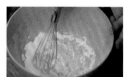

3 将面粉搅拌至无颗粒的状态。

4 倒入牛奶搅拌均匀。

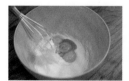

5 再放入蛋黄搅拌至顺滑流动的状态制成蛋黄糊。

6 蛋清中挤入适量柠檬汁。

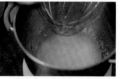

7 用厨师机高速将蛋清打到起泡，放入25克绵白糖。

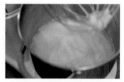

8 继续打到出现纹理后再放入25克绵白糖。

9 继续打到出现大弯钩形后放入剩余的糖。

10 厨师机换中低速打到湿性发泡，出现比较坚挺的大弯钩形状制成蛋白霜。

11 蛋黄糊中放入1/3的蛋白霜。

12 用刮刀朝一个方向从下往上翻，将蛋白霜和蛋黄糊拌匀。

13 将拌匀的蛋黄糊全部倒入剩下2/3的蛋白霜中。

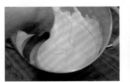

14 继续用刮刀朝一个方向从下往上翻，将蛋白霜和蛋黄糊拌匀制成蛋糕糊。

15 模具的底部和四周垫上烘焙纸，倒入蛋糕糊。

16 轻震几下使模具消除气泡。

17 模具隔水放入烤箱，先140℃烤50分钟，然后160℃烤10分钟上色。

18 烤好后轻震几下模具。

19 最后脱模即可。

TIPS

1. 食材分量是做8吋蛋糕的量；
2. 蛋清要打发到湿性发泡，否则做出的蛋糕容易塌陷；
3. 烤箱的温度非常重要，温度太低蛋糕发不起来，温度太高容易爆顶。第一次做的时候要在旁边时刻观察，如果顶部变色太快，可以加盖锡纸；
4. 水浴法放的水不能太少，水至少要盖过1/3模具的位置；
5. 蛋糕取出后要略放凉再脱模。

绿豆糕

扫一扫　看视频

材料

脱皮绿豆400克·黄油100克·白砂糖150克

步骤

1 脱皮绿豆冷水泡一夜。

2 将泡好的绿豆放入蒸锅，大火蒸30分钟。具体的时间根据绿豆的量做调整。

3 绿豆蒸好后放料理机打成泥。

4 将绿豆泥用不粘锅小火慢炒，放入100克黄油和150克白砂糖，这个过程比较漫长，大约要20分钟，要有耐心。

5 绿豆泥炒干水分、成团，不会粘锅的状态即可，然后关火，放凉。

6 将绿豆泥分成35克左右一个的小团，搓圆。

7 然后用模具压成绿豆糕即可。

TIPS

1. 最好用脱皮绿豆，带皮绿豆自己脱皮太麻烦；
2. 炒绿豆泥时用不粘锅小火炒，注意火候，炒的时间可能会比较长，要有耐心。

吐司

扫一扫 看视频

🍲 **材料**

面团 · 面粉300克 · 鸡蛋1个 · 奶粉20克 · 白糖40克 · 黄油25克 · 耐高糖酵母6克 · 盐3克

奶酥馅 · 奶粉50克 · 糖霜30克 · 黄油60克

👨‍🍳 步骤

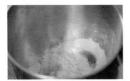

1 和面桶中放入面粉、鸡蛋、奶粉、白糖、耐高糖酵母、盐和120克水。

2 厨师机用低速将面团揉到厚膜状。

3 取出面团，包入黄油。

4 厨师机换高速揉到呈手套膜状。

5 醒面。

6 将黄油、奶粉、糖霜一起揉匀。

7 揉匀后放入保鲜袋擀平，放冰箱冷冻制成奶酥馅。

8 面团醒发到2倍大，手指戳下去不会回缩。

9 取出面团，排气后再搓圆醒20分钟。

10 面团醒好后擀平，然后放上冷冻好的奶酥馅。

11 卷起来。

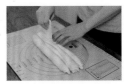

12 切分成3份。

13 编成麻花辫。

14 放入模具。

15 烤箱设置35℃，放一杯水，将模具放入发酵。

16 发酵到八成满。

17 盖盖。

18 烤箱上下火温度设置180℃烤45分钟。

19 烤好后震一震模具，取出面包。

20 切厚片即可。

TIPS

1. 本品用的是450克的模具；
2. 要用高筋面粉，面团要揉到出手套膜；
3. 最好选耐高糖酵母发酵，效果比较好；
4. 揉面时温度不能高，夏天要开空调，用厨师机时可以绑冰袋。

漏奶华

扫一扫　看视频

🍲 **材料**

吐司3片·鸡蛋2个·黄油20克·牛奶适量

炼乳适量·可可粉适量

TIPS

1. 炼乳比较甜，不喜欢太甜的朋友，少放一点儿；
2. 煎吐司要用小火，并注意翻面；
3. 煮牛奶和炼乳的时候要用小火，全程不停地搅拌，不要煮得太浓稠。

👨‍🍳 **步骤**

1 准备3片吐司，取一片中间掏空。

2 鸡蛋磕入碗中倒入牛奶搅拌均匀。

3 让每片吐司都充分吸收牛奶蛋液。

4 热锅放入黄油。

5 等黄油化开后放入吐司，煎到两面金黄。

6 煎好的吐司均匀地抹上炼乳。

7 将2片吐司叠放在一起，掏空的吐司放在它们上面。

8 锅中倒入牛奶和炼乳，边加热边搅拌到炼乳和牛奶完全融合。

9 将炼乳牛奶倒入掏空的吐司中。

10 最后均匀地撒上可可粉即可。